高职高专艺术设计类专业规划教材

Flash
XIANGMU SHEJI JIAOCHENG

Flash
项目设计教程

主编 周媛媛 张 磊 吕 雪

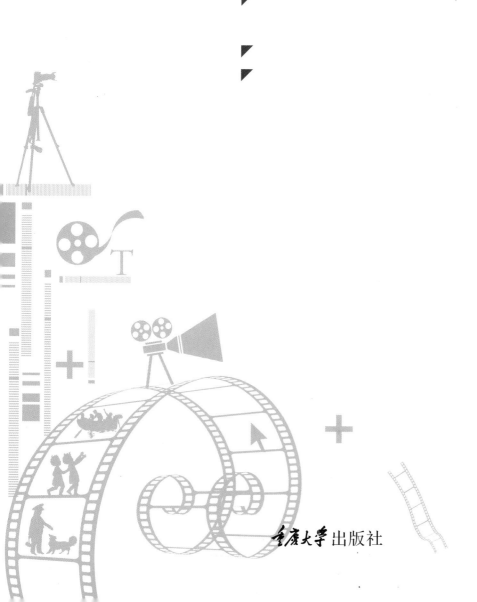

重庆大学出版社

图书在版编目（CIP）数据

Flash项目设计教程 / 周媛媛，张磊，吕雪主编. —— 重庆：重庆
大学出版社，2018.1
高职高专艺术设计类专业规划教材
ISBN 978-7-5689-0614-2

Ⅰ.①F… Ⅱ.①周… ②张… ③吕… Ⅲ.①动画制作软件—高等职
业教育—教材 Ⅳ.①TP391.414

中国版本图书馆CIP数据核字（2017）第146917号

高职高专艺术设计类专业规划教材

Flash 项目设计教程
FLASH XIANGMU SHEJI JIAOCHENG

主　　编：周媛媛　张　磊　吕　雪
策划编辑：席远航　张菱芷　塞　佳
责任编辑：陈　力　　版式设计：原豆设计
责任校对：张红梅　责任印制：赵　晟

重庆大学出版社出版发行
出版人：易树平
社址：重庆市沙坪坝区大学城西路21号
邮编：401331
电话：（023）88617190　88617185（中小学）
传真：（023）88617186　88617166
网址：http：//www.cqup.com.cn
邮箱：fxk@cqup.com.cn（营销中心）
全国新华书店经销
重庆共创印务有限公司印刷

开本：787mm×1092mm　1/16　印张：7.25　字数：219千
2018年1月第1版　　2018年1月第1次印刷
ISBN　978-7-5689-0614-2　定价：49.00元

序

　　我国人口有13亿之巨，如何提高人口素质，把巨大的人口压力转变成人力资源的优势，是建设资源节约型、环境友好型社会，实现经济发展方式转变的关键。高等职业教育承担着为各行各业培养输送与行业岗位相适应的，高技能人才的重任。大力发展职业教育有利于改善经济结构，有利于经济增长方式的转变，是实施"科教兴国，人才强国"战略的有效手段，是推进新型工业化进程的客观需要，是我国在经济全球化条件下日益激烈的综合国力竞争中得以制胜的必要保障。

　　高等职业教育的艺术设计教育的教学模式满足了工业化时代的人才需求，专业的设置、衍生及细分是应对信息时代的改革措施。然而，在中国经济飞速发展的过程中，中国的艺术设计教育却一直在被动地跟进。未来的学习，将更加个性化、自主化，因为吸收知识的渠道遍布在每个角落，未来的学校，将更加注重引导和服务，因为学生真正需要的是目标的树立与素质的提升。在探索过程中，如何提出一套具有前瞻性、系统性、创新性、具体性的课程改革方法将成为值得研究的话题。

　　进入21世纪的第二个十年，基于云技术和物联网的大数据时代已经深刻而鲜活地展现在我们面前。当前的艺术设计教育体系将被重新建构，同时也被赋予新的生机。本套教材集合了一大批具有丰富市场实践经验的高校艺术设计教师作为编写团队。在充分研究设计发展历史和设计教育、设计产业、市场趋势的基础上，不断梳理、研讨、明确了当下高职教育和艺术设计教育的本质与使命。

　　曾几何时，我们在千头万绪的高职教育实践活动中寻觅，在浩如烟海的教育文献中求索，矢志找到破解高职毕业设计教学难题的钥匙。功夫不负有心人，我们的视界最终聚合在三个问题上：一是高等职业教育的现代化。高职教育从自身的特点出发，需要在教育观念、教育体制、教育内容、教育方法、教育评价等方面不断进行改革和创新，才能与中国社会现代化同步发展。二是创意产业的发展和高职艺术教育的创新。创意产业作为文化、科技和经济深度融合的产物，凭借其独特的产业价值取向、广泛的覆盖领域和快速的成长方式，被公认为21世纪全球有前途的产业之一。从创意产业发展的视野，谋划高职艺术设计和传媒类专业教育改革和发展，才能实现跨越式的发展。三是对高等职业教育本质的审思，即从"高等""职业""教育"三个关键词入手，高等职业教育必须为学生的职业岗位能力和终身发展奠基，必须促进学生职业能力的养成。

　　在这个以科技进步、人才为支撑的竞争激烈的新时代，实现孜孜以求的综合国力强盛不衰、中华民族的伟大复兴，科教兴国，人才强国，赋予了职业教育任重而道远的神圣使命。艺术设计类专业在用镜头和画面、用线条和色彩、用刻刀与笔触、用创意和灵感，点燃了创作的火花，在创新与传承中诠释着职业教育的魅力。

重庆工商职业学院传媒艺术学院副院长

教育部高职艺术设计教学指导委员会委员

徐 江

前言

　　Flash广泛应用于动画设计、网站开发、广告设计、多媒体课件、游戏开发等领域。本书按项目化教学方式进行编写，从设计的理念出发，为读者精心准备了多个项目，共分为7章内容。并将每个项目分解成对应的任务，通过完成任务来掌握该项目的各个知识点。全书在每个任务前都安排了相关对应知识点的讲解，使读者在完成任务之前对任务有了一个整体认识，明确了创作思路，了解技术重点和大概的制作步骤。这样的安排旨在让读者在由易到难的学习中熟练掌握Flash软件各项功能及制作技巧。

　　随书附带所有任务所需的素材和最终作品。在学习过程中，可随时打开本书配套的教学资源文件，使用附送的素材图片并查阅相关参数设置。

　　本书具有下述特点。

　　全书内容由浅入深，文字通俗易懂，实例丰富实用，对每个操作步骤讲解清晰，使读者学习起来更加轻松、快捷。

　　1.突出动手能力

　　本书采用项目化教学方式编写，先告诉读者各个项目的基础知识，对相关知识讲解完后再进入任务的具体制作。通过完成任务，激发读者的学习兴趣，突出实践操作技能，培养和提高读者的动手能力。

　　2.讲解清楚

　　本书采用"步骤+图解"的方式进行编写，操作简单明了，浅显易懂。读者只需按照书中的"图解步骤"一步一步地操作，就可以完成每个任务。同时还配有"小技巧"，以提醒读者在制作过程中容易出错的地方或者其他简便的制作技巧，使读者能在轻松掌握相关内容的同时，将所学到的知识应用于实际操作中。全程步步图解，彻底扫清学习障碍。

　　3.多年教学、教改经验的积累与总结

　　本书是一线教师多年来参与教学、教改经验的积累与总结，实用性高，操作性强。

　　4.本书以"够用"为原则，求专不求多

　　读者能够举一反三，无须费力理解，即学即会即用。书中提供了所有任务所需的素材和最终效果文件，便于巩固所学知识。

　　本书由重庆电子工程职业学院周媛媛、张磊、重庆海联职业技术学院吕雪担任主编。本书在编写过程中得到了重庆大学出版社的大力支持与帮助，在此表示衷心感谢。由于时间紧迫，加之作者水平有限，书中难免存在疏漏之处，恳请读者提出宝贵意见。

编　者

2018年1月

目录

认识动画与 Flash CS4

Flash 是流行的二维矢量动画制作软件，早期是 Macromedia公司的产品，后来被Adobe公司收购。Flash 能把音乐、动画、声效和交互方式融合在一起，创作出令人叹为观止的动画效果。Flash 动画基于矢量技术，具有放大后不失真、动画文件体积非常小，并且具有交互性的优点，广泛应用于网页设计、Flash 小游戏以及产品展示、多媒体课件制作等领域。

学习目标

（1）了解 Flash 动画设计的原理。
（2）认识 Flash 界面组件。
（3）掌握面板的操作与使用。
（4）掌握文档基本操作方法。

P1—16

初识 Flash 动画

Flash CS4被称为"最为灵活的前台",其独特的时间片段分割和重组技术,结合Action Script 的对象和流程控制,使灵活的界面设计和动画设计成为可能。Flash 以其文件体积小、流式播放等特点在网页信息中成为较为主流的动画方式。如今,IE浏览器已自带 Flash 播放功能,各大门户网站都在其主页上插入了商业 Flash 动画广告。

Flash 已经应用在几乎所有的网络内容中,尤其是Action Script的使用,使得 Flash 在交互性方面拥有了更广阔的开发空间。Flash 动画不再只作为网站的点缀,还可以通过 Flash 软件开发游戏、课件、在线视频播放器甚至是网站的建设。网络是一个精彩的世界,而 Flash 动画则让这个世界更加缤纷多彩。

1.1.1 Flash 动画特点

Flash 动画的主要特点可归纳为下述 6 点。

①文件数据量小。由于 Flash 作品中的对象一般为矢量图形,所以即使动画内容很丰富,其数据量也非常小。

②适用范围广。Flash 动画不仅用于制作MTV、小游戏、网页制作、搞笑动画、情景剧和多媒体课件等,还可将其制作成项目文件,用于多媒体光盘或展示。

③图像质量高。Flash 动画大多由矢量图形制作而成,可以真正无限制地放大而不影响画面质量,因此图像的质量很高。

④交互性强。Flash 制作人员可以轻易地为动画添加交互效果,让用户直接参与,从而极大地提高用户的兴趣。

⑤边下载边播放:Flash 动画以"流"的形式进行播放,所以用户可以边下载边欣赏动画,而不必等到全部动画下载完毕后才开始播放。

⑥跨平台播放:制作好的 Flash 作品放置在网页上后,不论使用哪种操作系统或平台,任何访问者看到的内容和效果都是一样的,不会因为平台的不同而有所变化。

1.1.2 Flash 应用领域

随着 Flash 功能的不断增强,Flash 被越来越多的领域所应用。目前 Flash 的应用领域主要有下述 5 个方面。

①网络动画。由于 Flash 具有对矢量图的应用功能,对视频、声音的良好支持以及以"流"媒体的形式进行播放等特点,Flash 能够在文件容量不大的情况下实现多媒体的播放。用 Flash 制作的作品非常适合在网络环境下的传输,这也使得 Flash 成为网络动画的重要制作工具之一(图1-1)。

②网页广告。一般网页广告都具有短小、精悍、表现力强等特点,而 Flash 恰好满足了这些要求,因此 Flash 在网页广告的制作中得到广泛的应用(图1-2)。

图1-1 Flash 网络MTV动画

图1-2 Flash 网页广告

③动态网页。Flash 具备的交互功能可以使用户配合其他工具软件制作出各种形式的动态网页（图1-3）。

图1-3 Flash 动态网页

④网络游戏。Flash中的Actions语句可以编制一些游戏程序，再配合Flash的交互功能，能使用户通过网络进行游戏（图1-4）。

图1-4　Flash网络游戏

⑤多媒体课件。Flash动画以其体积小、交互性强、画质高等特点风靡全球。在教学领域中，越来越多的教师开始选择Flash来制作多媒体课件（图1-5）。

图1-5　Flash制作的小学语文多媒体课件

1.1.3　Flash动画设计的原理

动画的英文为"Animation"，也就是说动画与运动是分不开的。世界上著名的动画艺术家——英国人约翰·哈拉斯曾指出"运动是动画的本质"。比如，当人们在电影院里看电影或在家里看电视时，会感到画面中人物和动物的运动是连续的，但是电影胶片的画面并不是连续的。这是因为电影胶片是通过一定的速率投影到银幕上，观众才有了运动的视觉效果，这种现象可以用法国人皮特·罗杰特提出的视觉暂留的原理来解释。

视觉暂留就是客观事物对眼睛的刺激停止后，其影像还会在眼睛的视网膜上短暂存在，有一定的滞留性。如晚上看着灯光，当灯灭后，在黑暗中，眼中暂时还有个亮点；用一个钱币在桌子上旋转，看到的不是薄片，而是灰白色的球体。视像在眼前消失后，仍然能够在视网膜上保留 0.1 s 左右的时间，视觉暂留是人类眼睛的一种生理机能。

视觉暂留原理的发现和确立为电影的产生提供了必要的条件。电影运用照相的手段，把外界事物的影像和声音摄制在胶片上，然后用放映机放出来，在银幕上形成活动的画面。

Flash 动画同样基于视觉暂留原理，特别是 Flash 中的逐帧动画，与传统动画的核心制作几乎一样，同样是通过一系列连贯动作的图形快速放映而形成。当前一帧播放后，其影像仍残留在人的视网膜上，这样就使观赏者产生了连续动作的视觉感受。在起始动作与结束动作之间的过渡帧越多，动画的效果越流畅。

1.1.4　Flash 动画与传统动画的比较

（1）传统动画

传统动画是产生了一个多世纪的一种艺术形式，用最简单的话说就是会"动"的画。和电影一样，它是利用人类眼睛的"视觉暂留"机能，使一幅幅静止的画面连续播放，看起来像是在动，故其应该归类于电影艺术。它与通常意义的电影的不同之处在于：动画的拍摄对象不是真实的演员，而是由动画师绘制出的动画形象。在动画片里演员就是动画师本人，戏演得好或者坏和这个动画师的本身素质有着紧密关系。

传统动画经历100多年的发展，影响力很大。一个好的卡通形象会被一个人记忆一生，这说明动画片确实有其独特的魅力。传统动画产业现已成为一个庞大的产业，并且还在成长（图1-6）。

图1-6　《葫芦娃》剧照

传统动画片是用画笔画出一张张静止但又逐渐变化着的画面，经过摄影机、摄像机或计算机的逐帧扫描，然后以每秒钟24帧或25帧的速率连续放映或播映，这时，画面就在银幕上或荧屏里活动起来。

传统动画具有下述两个优点。

①可以完成许多复制的高难度的动画效果，可以想象到的画面几乎都可以通过传统动画完成。

②传统动画可以制作出风格多样的美术风格，特别是大场面、大制作的场景，用传统动画可以塑造出恢弘的画面及其细腻的美术效果。

传统动画虽然有一整套制作体系来保障动画片的制作，但还是有难以克服的缺点，比如分工太细、设备要求较高等。

传统的动画主要有下述两方面的缺点。

①制作繁重复杂，绘画的任务艰巨。短短10分钟的动画，往往需要绘制几千幅的画面。

②分工比较复杂。一部完整的传统动画片，无论时间的长短，都是经过编剧、导演、美术设计（人物设计和背景设计）、设计稿、原画、动画、绘景、描线、上色、校对、摄影、剪辑、作曲、拟音、对白配音、音乐录音、混合录音、洗印（转磁输出）等十几道工序的分工合作，密切配合，才可以顺利完成。

在过去的很长一段时间，动画片都是在复杂的工序下，由大量的人员合作而成。随着科技的进步，动画片目前已经简化了其中的一些程序，许多环节都可借助计算机技术使用相对较少的人力完成，但是其复杂程度和专业程度还是相当高的。

（2）Flash动画

Flash是一款多媒体动画制作软件。其是一种交互式动画设计工具，用它可以将音乐与动画很方便地融合在一起，以制作出高品质的动态效果，或者说是动画。

Flash动画有别于以前常用于网络的GIF动画。Flash采用的是矢量绘图技术，可将绘制的图像放大而不损失图像。由于Flash动画是由矢量图构成的，所以大大缩减了动画文件的大小。在网络带宽局限的情况下，矢量图提升了网络传输效率，可以方便下载观看。所以Flash动画一经推出，就风靡网络世界（图1-7）。

图1-7 《大话三国》Flash动画

Flash动画有以下优点。

①操作简单，硬件要求低。

②功能强大，集绘制图形、动画编辑、特效处理、音效处理于一身。

③简化了动画制作难度，元件可反复使用。

④修改方便，制作效率高。

⑤操控性强，可以掌控动画片质量。

⑥在多台计算机之间可以方便地互相调用所需元件，随时监控动画的进展，以直观地欣赏到动画效果。

Flash动画有较多优点，但同样也有一定的局限性，主要有以下两点。

①在制作较为复杂的动画时，特别是逐帧动画很费精力和时间。

②矢量图的过渡色很生硬单一，很难绘制出色彩丰富、柔和的图像。

虽然Flash动画没有丰富的颜色，但是Flash有新的视觉效果，比传统动画更加灵巧，更加"酷"，其已经成为一种新时代的艺术表现形式。同时使用Flash制作动画会大幅度地降低制作成本，减少人力、物力资源的消耗，在制作时间上也会大大缩短。所以在利用Flash发展动画的道路上，人们仍需不断努力与创新，将Flash动画制作与传统动画创作完美结合，从而提高个人的制作水平。

Flash CS4的工作界面

当启动Flash CS4时会出现开始页界面，在开始页中可以选择新建项目、模板及最近打开的项目。勾选左下角的"不再显示"复选框，可以在以后启动Flash CS4时不再显示该开始页（图1-8）。

图1-8 开始页

选择"新建"栏目下的"Flash文件"选项，进入Flash CS4的编辑窗口，如图1-9所示。

图1-9 Flash工作界面

（1）菜单栏

Flash CS4的菜单栏包括文件、编辑、视图、插入、修改、文本、命令、控制、调试、窗口、帮助11个菜单项（图1-10）。单击各主菜单项都会弹出相应的下拉菜单，有些下拉菜单还包括了下一级的子菜单。

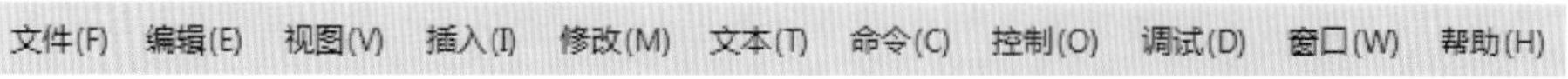

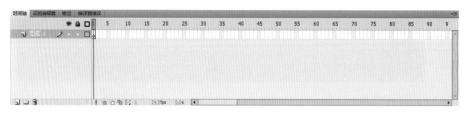

图1-10 菜单栏

（2）时间轴

时间轴是Flash动画编辑的基础，用以创建不同类型的动画效果和控制动画的播放预览。时间轴上的每一个小格称为帧，是Flash动画的最小时间单位，连续的帧中包含保持相似变化的图像内容，便形成了动画（图1-11）。

图1-11 "时间轴"面板

"时间轴"面板分为两个部分：左侧为图层查看窗口，右侧为帧查看窗口。一个层中包含着若干帧，而通常一部Flash动画影片又包含着若干层。

（3）工具箱

工具箱是Flash中的重要面板。其包含绘制和编辑矢量图形的各种操作工具，主要由选择工具、绘图工具、色彩填充工具、查看工具、色彩选择工具和工具属性6部分构成，用于进行矢量图形绘制和编辑的各种操作（图1-12）。

（4）浮动面板

浮动面板由各种不同功能的面板组成，如"库"面板、"颜色"面板、"属性"面板等（图1-13）。通过面板的显示、隐藏、组合、摆放，用户可以自定义工作界面。

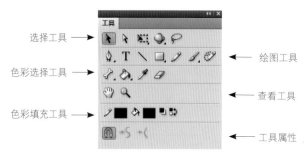

选择工具
色彩选择工具
色彩填充工具
绘图工具
查看工具
工具属性

图1-12 工具箱

图1-13 浮动面板

（5）绘图工作区

绘图工作区也称"舞台"，它是在其中放置图形内容的矩形区域。这些图形内容包括矢量插图、文本框、按钮、导入的位图图形或视频剪辑等。Flash创作环境中的绘图工作区相当于Adobe Flash Player中在回放期间显示Flash文档的矩形空间。该空间可以在工作时放大或缩小，以更改绘图工作区的视图。

1.3 面板

1.3.1 面板的基本操作

（1）打开面板

可以通过选择"窗口"菜单中的相应命令打开指定的面板。

（2）关闭面板

在已经打开的面板标题栏上右击，然后在弹出的快捷菜单中选择"关闭组"命令即可，或者也可以直接单击面板右上角的"关闭"按钮。

（3）折叠或展开面板

单击面板标题栏或者面板标题栏上的折叠按钮可以将面板折叠为其标题栏，再次单击即可展开。

（4）移动面板

可以通过拖动面板的标题栏将固定面板移动为浮动面板，也可以移动面板和其他面板组合在一起。

（5）将面板缩为图标

在 Flash CS4 中，面板的操作增加了一项新的内容，就是"将面板缩为图标"，它能将面板以图标的形式显现，从而进一步扩大了舞台区域，为创作动画提供了良好的环境（图1-14）。

单击这个按钮可以进行切换

将面板缩为图标

图1-14 将面板缩为图标

（6）改变面板区域的大小

在面板展开的情况下，当将鼠标指针指向面板的边框时，鼠标指针形状变为双向黑色箭头，这时拖动鼠标指针可以改变面板区域的大小。

（7）恢复默认布局

如果想把工作区域恢复为默认的布局方式，选择"窗口"→"工作区"→"默认"命令即可。

1.3.2 常用面板

（1）"属性"面板

使用"属性"面板可以很容易地设置舞台或时间轴上当前选定对象的最常用属性，从而加快了 Flash 文档的创建过程（图1-15）。当选定对象不同时，"属性"面板中会出现不同的设置参数。

（2）"库"面板

Flash 文档中的"库"可存储用户在文档使用中创建或导入的媒体资源，还可以包含已添加到文档的组件（图1-16）。在 Flash CS4中沿用了"单一库面板"功能，可以使用一个"库"面板来同时查看多个 Flash 文档的库项目。

（3）"公用库"面板

"公用库"面板提供了一些公用的元件，包括学习交互、按钮和类。可以通过执行"窗口"菜单中的"公用库"级联菜单下的相应命令开启它们（图1-17）。

图1-15　"属性"面板

图1-16　"库"面板

图1-17　"公用库"面板

（4）"动作"面板

"动作"面板可以创建和编辑对象或帧的 Action Script 代码，其主要由"动作工具箱""脚本导航器"和"脚本"窗格组成（图1-18）。

（5）"行为"面板

利用"行为"面板可以无须编写代码即可为动画添加交互性，如链接到 Web 站点、载入声音和图形、控制嵌入视频的回放、播放影片剪辑以及触发数据源。通过单击面板上的"添加行为"按钮 ⬆ 来添加相关的事件和动作，添加完的事件和动作显示在"行为"面板中（图1-19）。

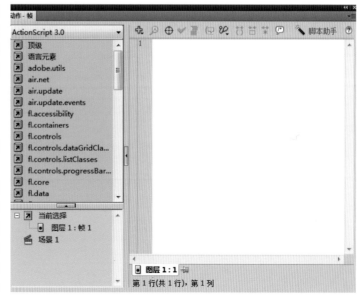

图1-18　"动作"面板

图1-19 "行为"面板

（6）"对齐"面板

"对齐"面板可以重新调整选定对象的对齐方式和分布（图1-20）。

"对齐"面板分为5个区域。

①相对于舞台：按下此按钮后可以调整选定对象相对于舞台尺寸的对齐方式和分布；如果没有按下此按钮，则是两个以上对象之间的相互对齐和分布。

②对齐：用于调整选定对象的左对齐、水平中齐、右对齐、上对齐、垂直中齐和底对齐。

③分布：用于调整选定对象的顶部、水平居中和底部分布，以及左侧、垂直居中和右侧分布。

④匹配大小：用于调整选定对象的匹配宽度、匹配高度或匹配宽和高。

⑤间隔：用于调整选定对象的水平间隔和垂直间隔。

（7）变形"面板

"变形"面板可以对选定对象执行缩放、旋转、倾斜和创建副本的操作。"变形"面板分为3个区域。最上面的是缩放区，可以输入"垂直"和"水平"缩放的百分比值，选中"约束"复选框，可以使对象按原来的长宽比例进行缩放；选中"旋转"单选按钮，可输入旋转角度，使对象旋转；选中"倾斜"单选按钮，可输入"水平"和"垂直"角度来倾斜对象；单击面板下方的"重制选区和变形"按钮 ，可复制对象的副本并且执行变形操作；单击"取消变形"按钮 ，可恢复上一步的变形操作（图1-21）。

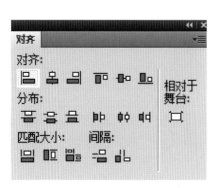

图1-20 "对齐"面板

图1-21 "变形"面板

1.4

Flash 的基本操作

1.4.1 新建文件

在 Flash CS4中可以创建出多种类型的文档，用户可以根据自己的需要来选择不同的文档类型，通常是选择"Flash 文档"，新建"Flash 文档"的方法如下所述。

启动 Flash CS4软件，在 Flash 工作区域弹出开始页，选择"Flash 文档"选项，即可创建一个空白的 Flash 文档。

如果已经打开了 Flash 文档，并想再创建一个新的文档，可以通过下述方法创建。

单击菜单栏中的"文件"→"新建"命令，弹出"新建文档"对话框（图1-22）。在"新建文档"对话框"类型"列表中选择合适的文档类型，一般选择"Flash 文档"选项，然后单击 确定 按钮，即可新建一个 Flash 文档。

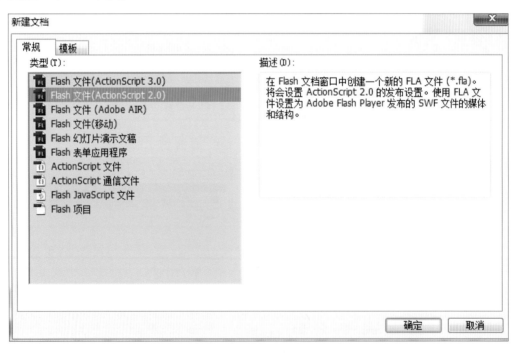

图1-22 "新建文档"对话框

1.4.2 保存、打开、关闭 Flash 文件

①保存文件。执行菜单栏中的"文件"→"保存"命令，打开"另存为"对话框。在"文件名"文本框中可以输入要保存文件的名称、单击 保存(S) 按钮，则此 Flash 文件被保存为"fla"格式文件。

如果想要将已经保存过的文件另存为其他文件，可以在"另存为"对话框的"文件名"文本框中输入另外的名字，单击 保存(S) 按钮，则此 Flash 文件被保存为另一个文件。

②打开文件。执行菜单栏中的"文件"→"打开"命令，弹出"打开"对话框。找到将要打开的文件，单击 打开(O) 按钮，即可将选择的文件打开。

③关闭文件。执行菜单栏中的"文件"→"关闭"命令，或者单击文件名称栏旁边的按钮 × ，即可将当前编辑的 Flash 文档关闭。如果当前编辑的文档没有保存，关闭文档时，会弹出"另存为"对话框，允许用户保存文档后，再将当前文档关闭。

如果执行菜单栏中的"文件"→"全部关闭"命令，或者单击 Flash 操作界面右上角的"关闭"按钮 × ，不论在 Flash 中有几个打开的文档，所有 Flash 文档均会被关闭。

1.4.3　选择、移动 Flash 对象

①选择对象。打开文档后，单击"工具箱"中的"选择工具" ，在舞台中拖动鼠标，将文档中的图形对象框选，被选择的对象周围出现蓝色方框（图1-23）。在舞台空白区域单击鼠标左键，取消对图形对象的选择。

除了框选对象的方法之外，还可以通过单击或者双击对象的方法来选择对象。

在 Flash 中选择多个对象除了使用框选法，还可以按住键盘的Shift键，然后在要选择的对象上单击鼠标左键，这样单击到哪个对象就可以将哪个对象选择进来，从而实现选择多个对象的目的。

②移动对象。选择对象后，使用"选择工具" 拖动对象，此时会出现此对象的矩形轮廓，将该矩形轮廓拖到合适位置释放鼠标，则对象就被放置到移动到的地方（图1-24）。

图1-23　框选对象

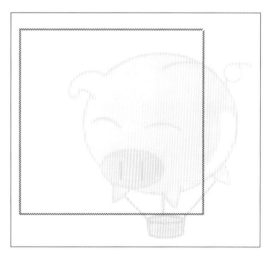

图1-24　移动对象

1.4.4　导入、导出 Flash 对象

①导入图像：打开 Flash 并创建一个新的 Flash 文档。执行菜单栏中的"文件"→"导入"→"导入到舞台"命令，弹出"导入"对话框，查找到将要导入的图片素材文件，单击 打开(O) 按钮，图片素材则被导入 Flash 舞台中。

②导入声音：打开 Flash 并创建一个新的 Flash 文档。执行菜单栏中的"文件"→"导入"→"导入到舞台"命令，弹出"导入"对话框，查找到将要导入的*.mp3文件，单击 打开(O) 按钮，mp3文件则被导

入 Flash 的"库"中，需要此声音文件时可以直接从"库"面板中调用。

③导入视频：打开 Flash 并创建一个新的 Flash 文档。执行菜单栏中的"文件"→"导入"→"导入到舞台"命令，弹出"导入"对话框，查找到将要导入的视频文件，单击 打开(O) 按钮，弹出"向导"对话框，按照提示单击"下一步"按钮，直到出现提示框，继续单击"是"按钮，关闭提示框，则整个视频被导入 Flash 中。

④导出动画：在 Flash 中制作的动画只是动画的源文件，如果想制作为别人可以观看的动画，必须将其导出为"swf"的动画格式。导出动画的方法如下所述。

执行菜单栏中的"文件"→"导出"→"导出影片"命令，弹出"导出影片"对话框，在"文件名"文本框中输入要导出动画的名称，并在"保存在"下拉列表框中选择保存路径，然后单击 保存(S) 按钮（图1-25），则动画将按指定的路径导出。

图1-25　导出动画

Flash 相关知识

1.5.1 位图与矢量图

Flash 中的图形分为位图（又称点阵图或栅格图像）和矢量图形两大类。

（1）位图

位图是由计算机根据图像中每一点的信息生成的，要存储和显示位图就需要对每一个点的信息进行处理，这样的一个点就是像素点（例如一幅20像素×300像素的位图就有60 000个像素点，计算机要存储和处理这幅位图就需要记住60 000个点的信息）。位图有色彩丰富的特点，一般用在对色彩丰富度或真实感要求比较高的场合。但位图的文件比矢量图要大得多，且位图在放大到一定倍数时会出现明显的马赛克现象，每一个马赛克实际上就是一个放大的像素点（图1-26）。

图1-26 位图

（2）矢量图

矢量图是由计算机根据矢量数据计算后生成的，它用包含颜色和位置属性的直线或曲线来描述图像。计算机在存储和显示矢量图时只需记录图形的边线位置和边线之间的颜色这两种信息即可。矢量图的特点是占用的存储空间非常小，且矢量图无论放大多少倍都不会出现马赛克（图1-27）。

图1-27 矢量图

1.5.2　颜色模式

色彩模式是描述色彩的依据，只有将图像色彩模式数值化，并建立各种色彩模式后，才能依据这些模式来正确使用颜色。常见的色彩模式有下述4种。

（1）RGB模式

RGB是指红（R）、绿（G）、蓝（B）三原色，也称光的三原色。该模式中所有其他颜色的色彩均由此三原色依不同的比例混合而成，如果将RGB三原色的光谱以最大的强度混合时，就会形成白色。由于各种色光混合后的结果会比原来单独的色光还亮，所以又称这种模式为"加色混合"模式。

针对RGB色彩模型的加色混合原理，各软件系统提供了由RGB色彩模式来描述RGB色彩模型的图像，将所有可见的颜色按各色光不同的强度，分为0～255的色阶。当RGB的值都是0时，是纯黑色；当RGB的值都是255时，就是纯白色。

（2）CMYK模式

CMYK色彩是印刷用的油墨颜色，CMYK各代表青色（Cyan）、洋红色（Magenta）、黄色（Yellow）和黑色（Black）。由于C、M、Y是由矿物质提炼出来的3种颜色，因此将这3种颜色以100%的浓度混合在一起时，并不会产生纯黑色，为了满足印刷的需求，又加入了黑色（K）以表现纯黑的黑色。此种混合模式由于反复混色造成色彩越来越暗，所以又称为"减色混合"模式。

CMYK色彩模式是以0%～100%来表示颜料浓度，想要表示纯白的颜色，各色油墨的数值将会是0%。

（3）Lab模式

Lab模式是由一个明度L（Luminance）和两个彩度"a要素"和"b要素"组成的，"a要素"是从绿色到洋红色的颜色；"b要素"是从蓝色到黄色的颜色，此模式不受各设备（如显示器、扫描仪及印刷输出等）的限制，因而能得到想要的色彩结果。

在Lab色彩模式里，L代表亮度上的强弱变化，其取值范围为0～100，彩度"a要素"和"b要素"的范围则延伸为 −127～+128，代表不同的颜色变化。

Lab模式是根据较为完善的Lab模型制订的，是RGB模式转换为HSB模式和CMYK模式的桥梁。

（4）HSB模式

HSB颜色模式是基于人们对色彩的心理感受形成的，它将颜色看成3个要素：色调（Hue）、饱和度（Saturation）和亮度（Brightness）。这种颜色模式比较符合人的主观感受，是较常用的色彩模式。

1.5.3　Alpha通道

Alpha通道是一个比较重要的概念，在众多的软件中，都有Alpha通道的使用，例如3DS Max、Photoshop和Flash等。Alpha通道的使用，是高品质图像与动画制作的一个重要标志。

Alpha通道可以表示出256级的灰度变化，因此，Alpha通道使用不同的灰度值表示颜色透明度的大小。一般情况下，纯白为不透明，纯黑为完全透明，介于纯白和纯黑之间的灰色为半透明。

Alpha通道的作用主要有下述3点。

①用于图像合成，实现图像的叠加效果。

②用于选择图像区域，方便对图像的修改和处理。

③利用Alpha通道对原图像基色的影响，以制作出丰富多彩的视觉效果。

绘制图形

图形绘制是动画制作的基础，只有绘制好了静态矢量图，才可能制作出优秀的动画作品。Flash 提供了很多实用的矢量绘图工具，这些工具功能强大而且使用简单，对于 Flash 初学者来说，不需要太多的绘图专业技能就能绘制出既美观又专业的图形。在学习的过程中，需要清楚各工具的用途及工具所对应属性面板里每个参数的作用，并能将多种工具配合使用，从而绘制出丰富多彩的各类图案。

学习目标

（1）掌握绘制图形工具的使用方法。
（2）掌握编辑图形的方法。
（3）掌握填充图形的方法。
（4）掌握渐变变形工具的使用。

P17—34

2.1

选取对象

2.1.1 选择工具

在工具箱中选取选择工具 ，对准图形的填充区域单击，可以选择图形的填充区域。对准图形的笔触部分单击，可以选择图形上连续的笔触部分。如果拖动鼠标创建矩形区域，则会选中矩形区域内的图形（图2-1）。若要选择多个区域，按住Shift键的同时创建选区即可。

图2-1 使用选择工具选择填充、笔触或某个区域的对象

2.1.2 部分选择工具

使用部分选取工具可以精细地调整线条的形状。选择工具箱中部分选取工具 ，选择图形中的曲线，线条上会出现一个个锚点。拖动锚点可以改变锚点的位置，在锚点上拖动切线手柄可以改变曲线的形状，调整形状的过程如图2-2所示。

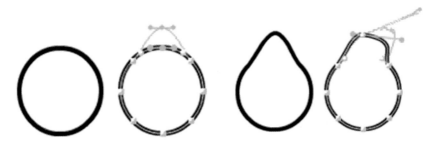

图2-2 使用部分选取工具调整形状

选择绘制的折线，拖动锚点可以改变形状。按住Alt键拖动锚点，出现切线手柄时，可以拖动手柄自由改变曲线的形状，调整过程如图2-3所示。

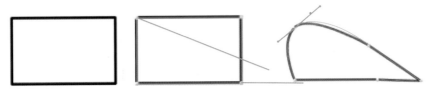

图2-3 改变曲线形状

2.1.3 变形面板

"变形"面板可以对选定对象执行缩放、旋转、倾斜和创建副本的操作（图2-4）。

"变形"面板可以实现下述5种变形操作。

①缩放：可以在相应的文本框中输入"垂直"和"水平"缩放的百分比值，单击"约束" 按钮，可以使对象按原来的长宽比例进行缩放。

②旋转：在相应的文本框中输入旋转角度，可以使对象旋转。

③倾斜：在相应的文本框中输入"水平"和"垂直"角度可以倾斜对象。

④重制选区和变形按钮 ：可以复制出新对象并且执行变形操作。

⑤取消变形按钮 ：用来恢复上一步的变形操作。

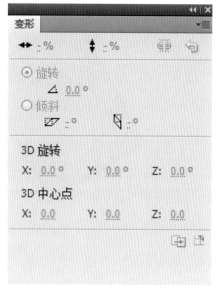

图2-4 "变形"面板

2.1.4 任意变形工具

任意变形工具 主要用于对各种对象进行缩放、旋转、倾斜扭曲和封套等操作。通过任意变形工具，可以将对象变形为自己需要的各种样式。

任意变形工具没有相应的"属性"面板，但在工具箱的"选项"面板中，它有一些相关的工具选项设置。其具体的选项设置如图2-5所示。

选择任意变形工具 ，在工作区中单击将要进行变形处理的对象，对象四周将出现如图2-6所示的调整手柄，或者先用选择工具将对象选中，然后选择任意变形工具，也会出现如图2-6所示的调整手柄。

通过调整手柄对选择的对象进行各种变形处理，可以通过工具箱"选项"面板中的任意变形工具的功能选项来设置。

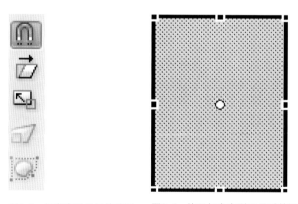

图2-5 任意变形工具的选项   图2-6 使用任意变形工具后的调整手柄

（1）旋转

单击"选项"面板中的旋转与倾斜按钮 ，将光标移动到所选图形边角上的黑色小方块上，当光标变成 形状后按住并拖动鼠标，即可对所选取的图形进行旋转处理（图2-7）。

移动光标到所选图像的中心，当光标变成 形状后对白色的图像中心点进行位置移动，可以改变图像在旋转时的轴心位置（图2-8）。

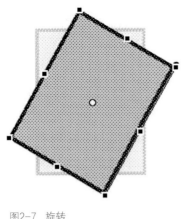

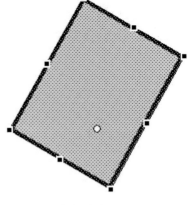

图2-7　旋转　　　　　　　　　　　　　　　图2-8　变换中心点位置

（2）缩放

单击"选项"面板中的缩放按钮 ，可以对选取的图形作水平、垂直或等比例的大小缩放。

（3）扭曲

单击"选项"面板中的扭曲按钮 ，移动光标到所选图形边角的黑色方块上，当光标改变为 形状时按住鼠标左键并拖动，可以对绘制的图形进行扭曲变形（图2-9）。

（4）封套

单击"选项"面板中的封套按钮 ，可以在所选图形的边框上设置封套节点，用鼠标拖动这些封套节点及其控制点，可以很方便地对图形进行变形（图2-10）。

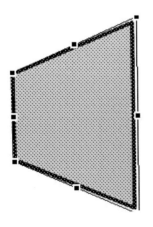

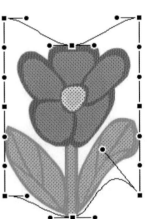

图2-9　扭曲　　　　　　　　　　　图2-10　封套前后的效果对比

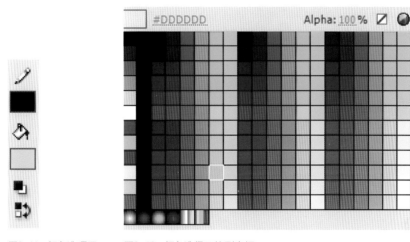

绘图工具

2.2.1　笔触和填充颜色的设置

在绘制图形之前，需要选择笔触和填充颜色。在工具箱中的颜色选项区（图2-11）中单击笔触颜色按钮 或填充色按钮 ，在弹出的如图2-12所示的颜色选择列表框中可以选择需要的颜色。

图2-11　颜色选项区　　图2-12　颜色选择下拉列表框

单击列表框右上角的自定义颜色按钮 ，在打开的如图2-13所示的"颜色"对话框中选择或设置颜色。

另外，执行"窗口"→"混色器"菜单命令，在浮动窗口中打开如图2-14所示的"混色器"面板，在该面板中可以选择笔触或填充的颜色。

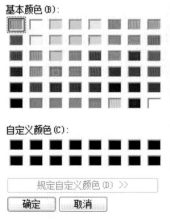

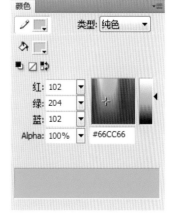

图2-13　"颜色"对话框　　　　　　　　　　　　　　　图2-14　"混色器"面板

2.2.2　钢笔工具

使用钢笔工具 ⬛ 可以绘制精确的直线或曲线段以及任意形状的图形，然后通过调整直线段的角度和长度，以及曲线段的弧度，可以获得完美的图形。

选择钢笔工具后，在属性面板中选择笔触、填充、线条宽度和线性属性。然后在文档中单击以定义第一个锚记点，在直线的第一条线段结束的位置再次进行单击确定第2个锚记点，就自动画出两点之间的线段。如果按住Shift键单击鼠标，可以将线条调整为倾斜45°的线段。

要完成一条开放路径，双击最后一个点，或者单击工具箱中的钢笔工具，也可以按住Ctrl键单击路径外的任意一点。要闭合路径，则将钢笔工具放置到第一个锚记点上，在靠近钢笔尖的地方出现一个小圆圈时单击或拖动以闭合路径（图2-15）。

图2-15　用钢笔工具绘制的直线图形

当使用钢笔工具创建曲线段时，线段的锚记点显示为切线手柄。每个切线手柄的斜度和长度决定了曲线的斜度、高度和深度。移动切线手柄可以改变路径曲线的形状，操作方法可参考Photoshop中的路径创建方法（图2-16）。

图2-16　用钢笔工具绘制的曲线和图形

2.2.3　线条、椭圆和矩形工具

使用线条工具 ⬛、椭圆工具 ⬛ 和矩形工具 ⬛ 可以轻松创建这些基本几何形状。椭圆和矩形工具还可以创建只有笔触或只有填充的形状。如果选择矩形工具，在属性面板中可以设置矩形边角半径（图2-17）。

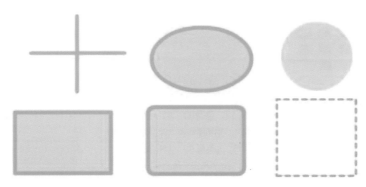

图2-17　使用线条、椭圆、矩形工具绘制的图形效果

2.2.4　铅笔工具

使用铅笔工具 ✎ 可以绘制线条和形状，其绘画方式和使用真实的铅笔的方法大致相同。在舞台上拖动鼠标可画出线条，按住Shift键拖动可将线条调整为垂直或水平方向。

在工具箱的选项卡中可以选择"铅笔工具"的几种绘画模式，分别是"伸直""平滑""墨水"模式。使用"伸直"模式时，绘制的不规则线条自动变成比较平直的线条，一般用来绘制近似的几何形状。使用"平滑"模式时，绘制的不规则的线条自动变成比较平滑的线条，一般用来绘制曲线。使用"墨水"模式时，可以绘制任意而又不用修改的线条。3种模式绘制的图形如图2-18所示。

图2-18　伸直、平滑、墨水3种模式

2.2.5　橡皮擦工具

橡皮擦工具 ✐ 可以擦除填充、笔触等。选择橡皮擦工具后，在选项区不仅可以选择橡皮擦工具的形状及大小，还可以从如图2-19所示的擦除模式中选择其中的一种模式。其中：

标准擦除：可以擦除同一图层上的任意笔触和填充。

擦除填色：只擦除填充，不影响笔触。

擦除线条：只擦除笔触，不影响填充。

擦除所选填充：只擦除当前选定的填充，并不影响笔触。

内部擦除：只擦除橡皮擦笔触开始处的填充。

各种擦除模式效果如图2-20所示。

图2-19　擦除模式选项

图2-20　原有形状、标准擦除、擦除填色、擦除线条、内部擦除

如果要进行自动擦除，在工具箱的选项区单击水龙头按钮 ⬚ ，然后单击要擦除的形状的填充或笔触，相连接的填充或笔触都将被擦除。

要擦除舞台中的所有内容，可双击橡皮擦工具。

2.2.6　文本工具

在 Flash 中使用文本工具可以创建包含静态文本的文本块，也可以创建动态文本字段。静态文本在影片设计时创建，影片放映时不能改变；动态文本字段显示动态更新的文本。

（1）创建文本

图2-21　文本块的属性面板

单击工具箱中文本工具后，单击鼠标会出现一个文本输入区域，在该区域的右上角有一个圆圈，表示该文本输入区域是可扩展的文本输入区。文本输入区随着字符的输入而扩大，并且不换行。如果绘制文本输入区域时按住Shift键，则该文本输入区域的右上角是一个方块，表示该文本输入区域是一个固定长度的文本输入区，当输入的字符超过文本输入区域的右边界时，文本自动换行，并且文本输入区自动变大。

选择输入的文本，在属性面板可以设置文本类型、字体、大小、颜色、样式、对齐方式、方向、字符间距等，如图2-21所示。

对于已输入了文字的文本块，选择文本工具后，在要修改的文本块上单击鼠标，文本块转到编辑状态，这时可以设置文本的属性。

（2）分离文本

分离文本是将一个文本块中的每个字符放在一个单独的文本块中，以便对单独的字符进行操作。对于分离后的单个字符还可以进一步分离，将其转换为组成它的线条和填充，以后就可以对其进行同任何其他形状一样改变形状、擦除、使用渐变色等操作。一旦将文本转换为线条和填充，就不能再将它们作为文本来编辑。

使用选择工具单击文本块，选中要分离的文本块，如图2-22所示。依次执行"修改"→"分离"菜单命令，选定的文本块中的每个字符就会被放置在一个单独的文本块中（图2-23）。如果要将文本转换成形状，可再次执行"修改"→"分离"菜单命令，将字符转换为形状（图2-24）。

图2-22　选中文本

图2-23　分离文本块

图2-24　转换为形状

颜色填充

2.3.1 刷子工具

使用刷子工具 ☑ 能绘制出刷子效果的线条。选择刷子工具后，在工具箱中的选项卡中通过改变刷子的大小、形状及刷子模式来创建特殊效果（图2-25）。在工具箱的选项卡中单击刷子模式 ⊙，在弹出的下拉列表框中可以选择一种模式，包括标准绘画、颜料填充、后面绘画、颜料选择和内部绘画（图2-26）。

①标准绘画：可以在同一层的线条和填充上涂色。

②颜料填充：可以对填充区域或空白区域涂色，不影响线条颜色。

③后面绘画：可以在同层线条或填充区域的后面绘制线条。

④颜料选择：创建选区后，在选区内绘制的线条会覆盖原填充颜色。

⑤内部绘画：可以对填充进行涂色，但不对线条涂色。如果在空白区域涂色，该填充不会影响任何现有填充区域。

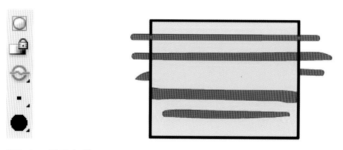

图2-25 刷子选项区　　　　图2-26 刷子的5种模式绘出的效果

2.3.2 颜料桶工具

"颜料桶工具"可以使用纯色、渐变色和位图对闭合的轮廓进行填充。在绘图工具箱中选择"颜料桶工具" ⟆，展开"属性"面板，在其中可以设置填充颜色属性。另外，选择"颜料桶工具"后，在绘图工具箱下方的选项栏里出现了"颜料桶工具"的两个属性设置按钮，即"空隙大小" ⃝ 和"锁定填充" ⃝。

图2-27 "空隙大小"选项

"空隙大小"按钮：单击这个按钮，打开下拉列表（图2-27）。其中包括"不封闭空隙""封闭小空隙""封闭中等空隙"和"封闭大空隙"4个填充时闭合空隙大小的选项。如果要填充颜色的轮廓有一定空隙，那么可以在这个"空隙大小"列表框中选择一个合适的选项，以完成颜色的填充。但是有时会因为轮廓的缝隙太大，所以即使选择"封闭大空隙"选项也不能完成轮廓的颜色填充。

"锁定填充"按钮：选中它可以对舞台上的图形进行相同颜色的填充。一般情况下，在进行渐变色填充时，这个选项十分有用。

使用颜料桶工具为图形填充渐变色时单击可以确定新的渐变起始点，然后向另一方向拖动可以快速更改渐变填充效果。

2.3.3 颜色面板

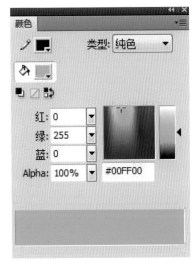

图2-28 "颜色"面板

"颜色"面板可以方便地对线条和形状的填充颜色进行创建编辑。在默认情况下,"颜色"面板停驻在面板区,如果面板区没有"颜色"面板,可以选择"窗口"→"颜色"命令将其打开(图2-28)。

笔触颜色按钮:单击这个按钮弹出调色板,在其中可以设置图形的笔触颜色。

填充颜色按钮:单击这个按钮弹出调色板,在其中可以设置图形的填充颜色。

控制按钮:包括"黑白"按钮、"没有颜色"按钮和"交换颜色"按钮。单击"黑白"按钮,可以设置"笔触颜色"为黑色、"填充颜色"为白色。单击"没有颜色"按钮,可以设置"笔触颜色"为无色或者"填充颜色"为无色。单击"交换颜色"按钮,可以让"笔触颜色"和"填充颜色"的设置颜色互相交换。

"类型"列表框:在这个列表框中可以选择填充的类型,包括纯色、线性、放射状和位图4种填充类型。

RGB模式颜色设置:可以用RGB模式来分别设置红、绿和蓝的颜色值。在相应的文本框中可以直接输入颜色值或者滑动文本框右侧的滑块进行颜色设置。

颜色空间:单击鼠标,可以选择颜色。

颜色亮度:用来调整颜色的亮度。

Alpha文本框:设置颜色的透明度,范围为0%~100%,0%为完全透明,100%为完全不透明。

颜色代码文本框:这个文本框中显示以"#"开头十六进制模式的颜色代码,可以直接在这个文本框中输入颜色值。

颜色设置条:当填充类型为纯色时,这里显示所设置的纯色;当选择填充类型为渐变色时,这里可以显示和编辑渐变色。

2.3.4 渐变填充

渐变填充有两种方式:线性渐变填充和放射状渐变填充。它们都可以在"颜色"面板中进行设置。

(1)线性渐变填充

"线性渐变"用来创建从起点到终点沿直线变化的颜色渐变,展开"颜色"面板,在填充类型中选择"线性"填充(图2-29)。

"溢出"下拉列表框:这里用来控制超出渐变范围的颜色布局模式。它有扩展(默认模式)、镜像和重复3种模式。"扩展"是指把纯色应用到渐变范围外;"镜像"是指将线性渐变色反向应用到渐变范围外;"重复"是指把线性渐变色重复应用到渐变范围外。

在默认情况下,"颜色"面板下方的颜色设置条上有两个渐变色块,左边的表示渐变的起始色,右边表示渐变的终止色。单击颜色设置条或颜色设置条的下方可以添加渐变色块。Flash 最多可以添加15个渐变色块,从而创建多达15种颜色的渐变效果。

图2-29 设置线性渐变

（2）放射状渐变

"放射状渐变"可以创建从一个中心焦点出发沿环形轨道混合的渐变。展开"颜色"面板，在"类型"下拉列表框中选择"放射状"（图2-30）。

放射状渐变的颜色设置条上默认也有两个渐变色块，左边的色块表示渐变中心的颜色，右边的色块表示渐变的边缘色。

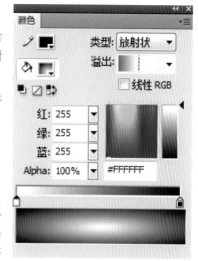

图2-30　设置放射状渐变

2.3.5　渐变变形工具

渐变变形工具通过调整填充颜色的大小、方向或者中心，可以使渐变填充或位图填充变形。在绘图工具箱中选择渐变变形工具 （渐变变形工具隐藏在任意变形工具里），单击舞台上绘制好的线性渐变图形，线性渐变上面出现两条竖向平行的直线，其中一条上有方形和圆形的手柄（图2-31）。

其中平行线代表渐变的范围，拖动中心圆点手柄可以改变渐变的位置，拖动方形手柄可以改变渐变的范围大小，拖动圆形手柄可以旋转渐变色的方向（图2-32）。

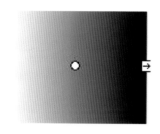

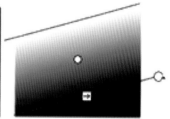

图2-31　使用渐变变形工具　　　　图2-32　拖动手柄

单击舞台上绘制好的放射状渐变图形，出现一个带有若干编辑手柄的环形边框。边框中心的小圆圈是填充色的"中心点"，边框中心的小三角是"焦点"。边框上有3个编辑手柄，分别是大小、旋转和宽度手柄，当鼠标指针移动到手柄上时指针形状会发生变化。

中心点手柄可以更改渐变的中心点。鼠标指针移到它上面会变成一个四向箭头。

焦点手柄可以改变放射状渐变的焦点。鼠标指针移到它上面时会变成倒三角形。

大小手柄可以调整渐变的大小。鼠标指针移到它上面时会变成内部有一个箭头的圆。

旋转手柄可以调整渐变的旋转。鼠标指针移到它上面时会变成4个圆形箭头。

宽度手柄可以调整渐变的宽度。鼠标指针移到它上面时会变成一个双头箭头。

尝试拖动不同的手柄（图2-33）。

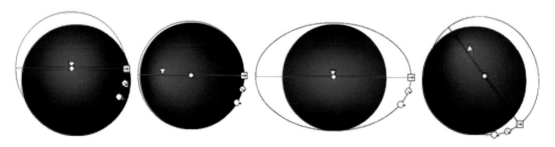

图2-33　更改后的放射状渐变

2.3.6 墨水瓶工具

使用墨水瓶工具 可以更改线条或者形状轮廓的笔触颜色、宽度和样式。对直线或形状轮廓只能应用纯色，不能应用渐变或放射。

使用墨水瓶工具进行填充的方法如下：选择工具箱中的"墨水瓶工具" ，打开"属性"面板，在面板中设置笔触颜色和笔触大小等参数（图2-34）。

墨水瓶工具的属性面板中各项参数的功能分别如下所述。

① "笔触颜色"按钮：设置填充边线的颜色。

② "笔触"大小：设置填充边线的粗细，数值越大，填充边线就越粗。

③ "编辑笔触样式"按钮 ：单击该按钮打开"笔触样式"对话框，在其中可以自定义笔触样式（图2-35）。

图2-34 "墨水瓶工具"属性面板

图2-35 "笔触样式"对话框

④ "笔触样式"按钮：设置图形边线的样式，有极细、实线和其他样式。

⑤ 笔触提示：将笔触锚记点保存为全像素，以防止出现线条模糊。

图2-36 用"墨水瓶工具"添加轮廓线后的效果

⑥ 缩放：限制Player中的笔触缩放，防止出现线条模糊。该项包括"一般""水平""垂直"和"无"4个选项。

将鼠标指针移到要填充的图像轮廓线上，单击鼠标左键即可完成填充（图2-36）。如果墨水瓶工具的作用对象是矢量图形，则可以直接给其加轮廓。如果对象是文本或点阵，则需要先将其分离或打散，然后才可以使用墨水瓶添加轮廓。

2.3.7 滴管工具

滴管工具 用于对色彩进行采样，可以拾取描绘色、填充色以及位图图形等。在拾取描绘色后，滴管工具自动变成墨水瓶工具；在拾取填充色或位图图形后自动变成颜料桶工具。在拾取颜色或位图后，一般使用这些拾取到的颜色或位图进行着色或填充。

选择滴管工具后，在"属性"面板中可以看出，滴管工具没有自己的属性。工具箱的选项面板中也没有其相应的附加选项设置，这说明滴管工具没有任何属性需要设置，其功能就是对颜色进行采集。

使用滴管工具时，将滴管的光标先移动到需要采集色彩特征的区域上，然后在需要某种色彩的区域上单击鼠标左键，即可将滴管所在那一点具有的颜色采集出来，接着将光标移动到目标对象上，再单击左键，这样刚才所采集的颜色就被填充到目标区域了。

基本编辑操作

2.4.1 复制、删除对象

选择需要复制的对象后，按Ctrl+C功能键或者执行"编辑"菜单中的"复制"命令。转到需要该对象的帧或场景中，单击"编辑"菜单中的"粘贴"命令或按Ctrl+V功能键即可完成对象的复制。另一种方法是按住Ctrl键并用鼠标拖动要复制的对象，被拖动对象将以边框的形式显示，到需要的位置松开鼠标就可以完成操作，但是这种方法只能在一个帧中复制对象。

删除对象的方法：首先选择要删除的对象，然后按Delete键即可删除被选中的对象。

2.4.2 修改对象

选中对象后，执行"修改"→"变形"菜单命令，在弹出的如图2-37所示子菜单中选择需要的命令可以任意变形、扭曲、封套、缩放、旋转与倾斜对象（图2-38）。

另外，还可以旋转90°、垂直翻转或水平翻转对象（图2-39）。

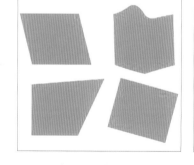

任意变形(F)	
扭曲(D)	
封套(E)	
缩放(S)	
旋转与倾斜(R)	
缩放和旋转(C)...	Ctrl+Alt+S
顺时针旋转 90 度(0)	Ctrl+Shift+9
逆时针旋转 90 度(9)	Ctrl+Shift+7
垂直翻转(V)	
水平翻转(H)	
取消变形(T)	Ctrl+Shift+Z

图2-37 "变形"菜单命令　　　　　图2-38 变形图形效果　　　　　图2-39 垂直、水平翻转效果

2.4.3 对齐对象

对齐对象可以使对象沿水平或垂直轴对齐，也可以沿选定对象的右边缘、中心或左边缘垂直对齐，或者沿选定对象的上边缘、中心或下边缘水平对齐。边缘由包含每个选定对象的边框决定。

选中多个对象后，执行"修改"→"对齐"菜单命令，在如图2-40所示的子菜单中选择需要的选项，可以按所选选项对齐对象。

另外，执行"窗口"→"对齐"菜单命令，在浮动窗口中显示如图2-41所示的"对齐"面板，在面板中选择需要的选项即可。图2-42所示分别为顶对齐、底对齐的效果。

左对齐(L)	Ctrl+Alt+1
水平居中(C)	Ctrl+Alt+2
右对齐(R)	Ctrl+Alt+3
顶对齐(T)	Ctrl+Alt+4
垂直居中(V)	Ctrl+Alt+5
底对齐(B)	Ctrl+Alt+6
按宽度均匀分布(D)	Ctrl+Alt+7
按高度均匀分布(H)	Ctrl+Alt+9
设为相同宽度(M)	Ctrl+Alt+Shift+7
设为相同高度(S)	Ctrl+Alt+Shift+9
相对舞台分布(G)	Ctrl+Alt+8

图2-40 "对齐"菜单命令

图2-41 "对齐"面板

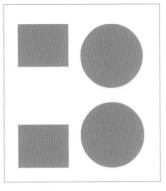

图2-42 顶对齐、底对齐

2.4.4 层叠对象

在一个层内，Flash 会根据对象的创建顺序层叠对象，将最新创建的对象放在最上面。对象的层叠顺序决定了它们在层叠时出现的顺序。线条和形状总是在组和元件的下面。

在同一图层内，要改变对象的层叠顺序，必须首先选中对象，然后执行"修改"→"合并对象"→"联合"命令，将对象联合为组件，或者转换为元件。这样选中对象后，会显示如图2-43所示的框线。

选中组件后，执行"修改"→"排列"菜单命令，在弹出的如图2-44所示的子菜单中选择相应的选项，可以将对象或组移动到层叠顺序的最顶层、最底层、上移一层或下移一层，如图2-45所示。如果选择了多个组，这些组会移动到所有未选中的组的前面或者后面，而这些组之间的相对顺序保持不变。

移至顶层(F)	Ctrl+Shift+上箭头
上移一层(R)	Ctrl+上箭头
下移一层(E)	Ctrl+下箭头
移至底层(B)	Ctrl+Shift+下箭头
锁定(L)	Ctrl+Alt+L
解除全部锁定(U)	Ctrl+Alt+Shift+L

图2-43 选中组件　　　　图2-44 排列子菜单

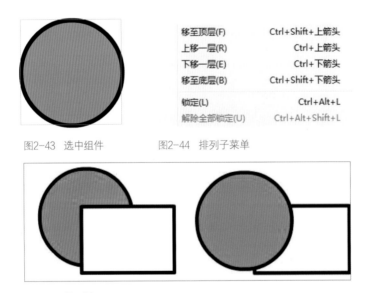

图2-45 排列效果

2.4.5 镜像

对设计区的图形可以进行镜像处理，方法是使用部分选取工具选中对象，然后单击工具箱中的任意变形工具，使对象周围出现控制点。拖动对象左边的控制点，使其越过右边，就会得到对象的水平镜像效果（图2-46）。同样，拖动对象上边的中间控制点，使其越过下边，会得到图像的垂直镜像。

图2-46 镜像后的效果

2.4.6 使用网格和辅助线

除了使用菜单中的对齐工具来对齐各个项目之外，还可以利用标尺、网格和辅助线来对齐。在图2-47所示的"视图"菜单中选择需要的命令，可以设置在文档中显示或设置标尺、辅助线和网格（图2-48至图2-50）。

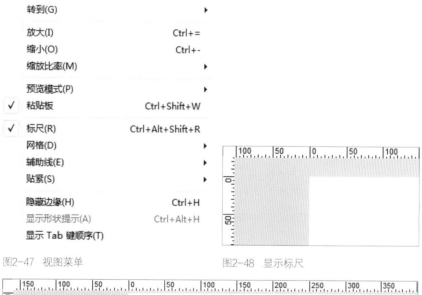

图2-47 视图菜单　　　　　　　　　　图2-48 显示标尺

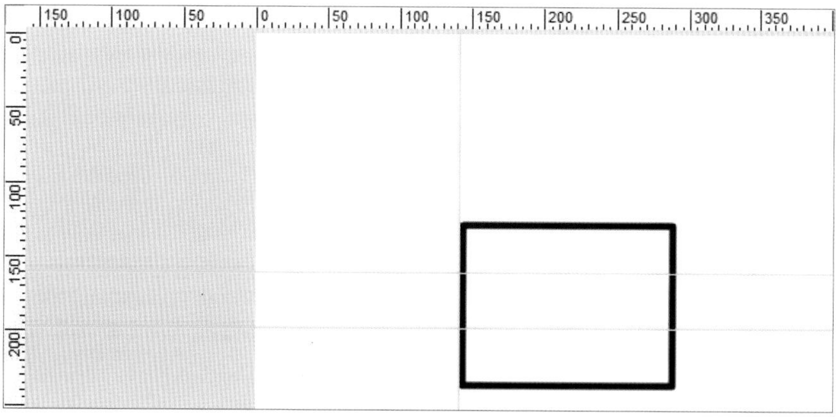

图2-49 显示辅助线

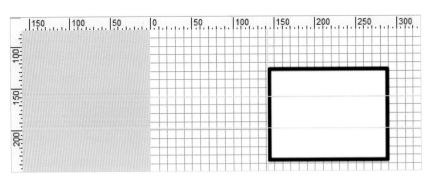

图2-50　显示网格

2.4.7　组合与分离图形

　　图形绘制好后可以进行组合与分离。组合与分离是图形编辑中作用相反的图形处理功能。用绘图工具直接绘制的图形是处于矢量分离状态的；对绘制的图形进行组合处理，可以保持图形的独立性，执行"修改"→"组合"命令或按下"Ctrl+G"组合键，即可对选取的图形进行组合。组合后的图形在被选中时将显示出蓝色边框（图2-51）。

　　组合后的图形作为一个独立的整体，可以在舞台上随意拖动而不发生变形；组合后的图形可以被再次组合，形成更复杂的图形整体。当多个组合了的图形放在一起时，可以执行"修改"→"排列"命令，调整图形在舞台中的上下层位置（图2-52）。

　　分离命令可以将组合后的图形变成分离状态，也可以将导入的位图进行分离。执行"修改"→"分离"命令或按下"Ctrl+B"组合键可以分离（打散）图形，位图在分离状态后可以进行填色、清理等操作（图2-53）。

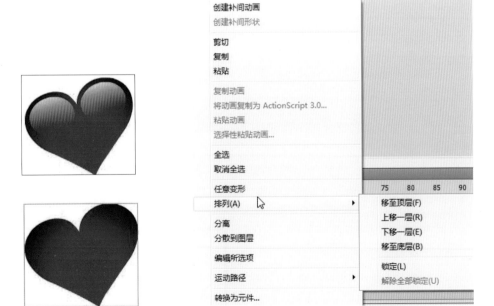

图2-51　原图（左）、组合后（右）　　图2-52　排列命令

图2-53　分离后（上）、背景清除后（下）

任务1　　　　任务2

制作元件

在 Flash 的舞台上，最主要的"演员"就是"元件"。对于需要重复使用的资源可以将其制作成元件，然后从"库"面板中拖曳到舞台上使其成为实例，其是元件在舞台上的具体表现。元件包括3种类型，即图形元件、按钮元件和影片剪辑元件。不同的元件类型具备不同的特点，合理地利用元件、库和实例，对提高影片制作效率有很大的帮助。

学习目标

（1）认识元件和实例。
（2）理解元件的类型和创建元件的方法。
（3）掌握影片剪辑元件。
（4）掌握按钮元件。
（5）使用"库"面板管理元件。

P35—42

3.1

认识元件和实例

元件是指可以重复利用的图形、动画片段或者按钮，它们被保存在"库"面板中。在制作动画的过程中，将需要的元件从"库"面板中拖曳到舞台中，舞台中的对象称为该元件的一个实例。如果库中的元件发生改变（比如对元件重新编辑），则元件的实例也会随之变化。同时，实例可以具备自己的个性，它的更改不会影响库中的元件本身。

3.1.1 元件

元件就像影视剧中的演员、道具，都是具有独立身份的元素，是 Flash 动画影片构成的主体。使用元件进行动画设计主要有下述优点。

①可以简化动画的制作过程。在动画的制作过程中，如果将频繁使用的设计元素做成元件，在多次使用时就不必每次都重新编辑该对象。使用元件的另一个好处是当库中的元件被修改后，在场景中的该元件的所有实例就会随之发生改变，大大节省了设计时间。

②减少文件体积。当创建了元件后，在以后的作品制作中，只要引用该元件即可。在场景中创建该元件的实例，所有的元件只需在文件中保存一次，这样可使文件体积大大减小，从而节省磁盘空间。

③方便网络传输。当把 Flash 文件传输到网上时，虽然在影片中创建了一个元件的多个实例，但是无论其在影片中出现过多少次，该实例在被浏览时只需下载一次，用户不用在每次遇到该实例时都下载，这样便缩短了下载时间，加快了动画播放速度。

3.1.2 实例

将"库"面板中的元件拖曳到场景或其他元件中，实例便创建成功，也就是说，在场景中或元件中的元件被称为实例。一个元件可以创建多个实例，并且对某个实例进行修改不会影响元件，也不会影响到其他实例。

（1）创建实例

创建实例的方法很简单，只需在"库"面板中选中元件，按住鼠标左键不放，将其拖曳到场景中，松开鼠标，实例便创建完成。

创建实例时需要注意场景中帧数的设置。当多帧的影片剪辑和多帧的图形元件创建实例时，在舞台中影片剪辑设置一个关键帧即可，图形元件则需要设置与该元件完全相同的帧数，动画才能完整地播放。

（2）编辑实例

编辑实例一般指的是改变实例颜色样式、实例名设置等。要对实例的内容进行改变只有进入元件中才能操作，并且这样的操作会改变所有用该元件创建的实例。

元件的类型和创建元件的方法

元件是Flash动画中的基本构成要素之一，除了可以重复利用、便于大量制作之外，它还有助于减少影片文件的大小。在应用脚本制作交互式影片时，某些元件（比如按钮和影片剪辑元件）更是不可缺少的一部分。

3.2.1　元件的类型

元件包括图形、按钮和影片剪辑3种类型，且每个元件都有一个唯一的时间轴、舞台以及图层。元件存放在Flash的"库"面板中，"库"面板具备强大的元件管理功能，在制作动画时，可以随时调用"库"面板中的元件。

根据功能和类型的不同，元件可以分为下述3种。

（1）影片剪辑元件

影片剪辑元件是一个独立的动画片段，其具备自己独立的时间轴。它可以包含交互控制、音效，甚至能包含其他的影片剪辑实例。它能创建出丰富的动画效果，能使制作者的任何灵感变为现实。

（2）按钮元件

按钮元件是对鼠标事件（如单击和滑过）做出响应的交互按钮。它无可替代的优点在于可以使观众与动画更贴近，即利用它可以实现交互动画。

（3）图形元件

图形元件通常用于存放静态的图像，也能用来创建动画，在动画中可以包含其他元件实例，但不能添加交互控制和声音效果。

在一个包含各种元件类型的Flash影片文件中，选择"窗口"→"库"命令，可以在"库"面板中找到各种类型的元件。在"库"面板中除了可以存储元件对象外，还可以存放从影片文件外导入的位图、声音、视频等类型的对象。

3.2.2　创建元件的方法

创建元件的方法一般有两种，一种是新建元件；另一种是将舞台上的对象转换为元件。

（1）新建元件

选择"插入"→"新建元件"命令，弹出"创建新元件"对话框（图3-1）。在"名称"文本框中可以输入元件的名称，默认名称是"元件1"。"类型"选项包括3个单选项，分别对应3种元件的类型。单

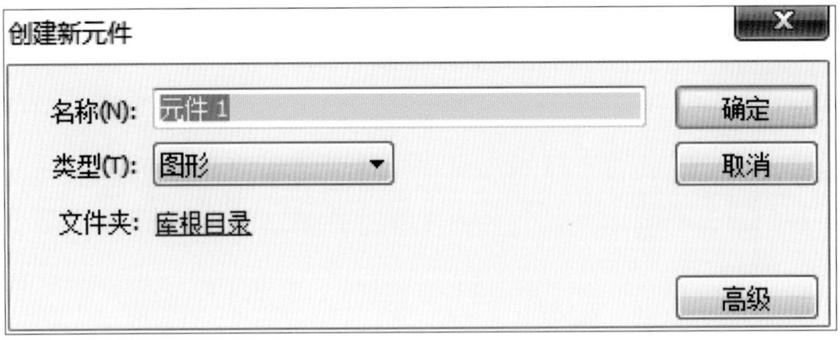

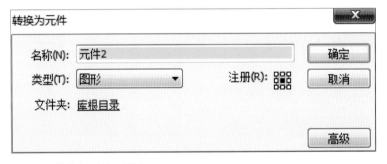

图3-1 "创建新元件"对话框

击单选按钮可以确定元件的类型。

　　单击"确定"按钮，即新建一个元件。Flash会将该元件添加到库中，并切换到元件编辑模式。在元件编辑模式下，元件的名称将出现在场景名称（比如"场景1"）的右侧。在元件的编辑场景中显示一个十字图标表明该元件的注册点。

（2）转换为元件

　　除了新建元件外，还可以直接将场景中已有的对象转换为元件。选择场景中的对象，选择"修改"→"转换为元件"命令，则弹出"转换为元件"对话框（图3-2）。"名称"文本框中可以输入元件的名称，默认名称是"元件1"。"类型"选项包括3个单选项，分别对应3种元件的类型。单击单选按钮可以确定元件的类型。"注册"选项右边是注册网格，在注册网格中单击，以便确定元件的注册点。

　　单击"确定"按钮，就将场景中选择的对象转换为元件。Flash会将该元件添加到库中。舞台上选定的对象此时就变成了该元件的一个实例。

图3-2 "转换为元件"对话框

3.2.3 编辑元件

　　编辑元件时，Flash会更新文档中该元件的所有实例。Flash提供了3种方式来编辑元件：在当前位置编辑元件、在新窗口中编辑元件和在元件编辑模式下编辑元件。

（1）在当前位置编辑元件

　　可以使用"在当前位置编辑"命令在该元件和其他对象在一起的舞台上对其进行编辑。其他对象以灰显方式出现，从而将它们和正在编辑的元件区别开来。正在编辑的元件名称显示在舞台上方的编辑栏内，位于当前场景名称的右侧（图3-3）。

　　①执行以下操作之一，即可在当前位置进入元件的编辑状态。

　　在舞台上双击该元件的一个实例。

　　在舞台上选择该元件的一个实例，右击，在弹出的快捷菜单中选择"在当前位置编辑"命令。

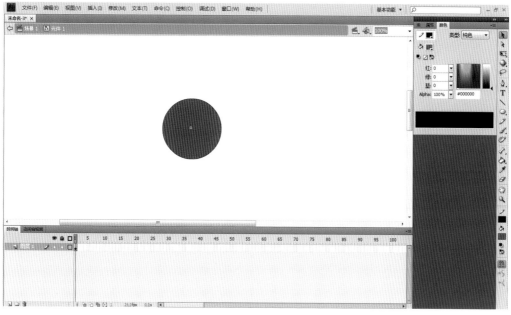

图3-3 在当前位置编辑元件

在舞台上选择该元件的一个实例，然后选择"编辑"→"在当前位置编辑"命令。

②根据需要编辑该元件，如要更改注册点，可以拖动该元件，让其和十字图标对齐。

③要退出"在当前位置编辑"模式并返回文档编辑模式，可以执行下述操作之一。

单击舞台顶部编辑栏左侧的"返回"按钮。

在舞台上方编辑栏的"场景"弹出菜单中选择当前场景的名称。

选择"编辑"→"编辑文档"命令。

（2）在新窗口中编辑元件

可以使用"在新窗口中编辑"命令在一个单独的窗口中编辑元件。在单独的窗口中编辑元件可以同时看到该元件和主时间轴。正在编辑的元件名称会显示在舞台上方的编辑栏内。具体操作步骤如下所述。

在舞台上选择该元件的一个实例，右击，在弹出的快捷菜单中选择"在新窗口中编辑"命令。

根据需要编辑该元件。

单击关闭框来关闭新窗口，然后在主文档窗口内单击以返回编辑主文档状态下。

（3）在元件编辑模式下编辑元件

使用元件编辑模式，可将窗口从舞台视图更改为只显示该元件的单独视图来编辑它。正在编辑的元件名称会显示在舞台上方的编辑栏内，位于当前场景名称的右侧。

①要进入元件的编辑模式，可执行下述操作之一。

双击"库"面板中的元件图标。

在舞台上选择该元件的一个实例，右击，然后在弹出的快捷菜单中选择"编辑"命令。

在舞台上选择该元件的一个实例，然后在"编辑"菜单栏中选择"编辑元件"命令。

在"库"面板中选择该元件，右击，然后在弹出的快捷菜单中选择"编辑"命令。

②根据需要编辑该元件。

③要退出元件编辑模式并返回到文档编辑状态，可以执行下述操作之一。

单击舞台顶部编辑栏左侧的"返回"按钮。

选择"编辑"→"编辑文档"命令。

单击舞台上方编辑栏内的场景名称。

3.2.4 管理元件

"库"面板可以对元件进行常规的管理，包括分类保存元件、清理元件、重命名元件、复制元件等。

（1）在"库"面板中分类保存元件

当"库"面板中的元件众多时，将元件按照一定的方式分成类别管理无疑是一个好习惯，它可以让"库"面板清爽悦目，从而提高创作速度和工作效率。

将"库"面板中的元件分类存放的具体操作步骤如下所述。

①单击"库"面板上的"新建文件夹"按钮 ，创建一个新文件夹 。

②在默认情况下，新文件名称为"未命名文件夹1"，可以根据元件分类的需要重新命名文件夹。

③将要保存在这个文件夹下的元件拖放到这个文件夹图标上松手即可，此时文件夹的图标变成 ，表明这个文件夹中已有元件。

（2）清理"库"面板中的元件

在创作Flash动画时，常会有创建了元件又不使用的情况，这些废弃的元件会增大动画文件的体积。在动画制作完毕时，应及时清理"库"面板中不需要的元件。具体操作步骤如下所述。

①单击"库"面板右上角的"库菜单"按钮 ，在弹出菜单中选择"选择未用项目"命令，Flash会自动检查"库"面板中没有应用的元件，并对查到的元件加蓝高亮显示。

②如果确认这些元件是无用的，可按下键盘上的Del键删除或单击"库"面板上的删除按钮 ，即可删除这些元件。

（3）元件重新命名

一个含义清楚的元件名称，可以更容易地搜寻到它，并能读懂元件中的内容。在"库"面板中，可以对元件进行重新命名。方法是双击元件名称，然后输入一个新的名称，再按下Enter键确认即可。或者在要重命名的元件上右击，从弹出的快捷菜单中选择"重命名"命令，也可以给元件重新命名。

（4）直接复制元件

直接复制元件是一个很重要的功能。如果新创建的元件和"库"面板中的某一元件类似，那就没有必要再重新制作这个元件了，用直接复制元件的方法可以极大地提高工作效率。

在"库"面板中，右击要直接复制的元件，在弹出的快捷菜单中选择"直接复制"命令，弹出"直接复制元件"对话框（图3-4）。在其中的"名称"文本框中可以重新输入元件的名称，根据需要也可以重新选择元件的类型，最后单击"确定"按钮即可得到一个元件副本。

图3-4 直接复制元件

（5）打开外部库

在当前Flash影片文档中，如果要打开另一个Flash影片文档中的"库"面板，可以按照下述步骤进行操作。

①选择"文件"→"导入"→"打开外部库"命令，打开"作为库打开"对话框（图3-5）。

②选中要作为库打开的 Flash 影片文件，单击"打开"按钮。这样就会在当前 Flash 影片文档中打开选定 Flash 文件的"库"面板，并在"库"面板顶部显示对应的 Flash 影片文件名（图3-6）。

图3-5 "作为库打开"对话框　　　　　　　　　　　　　　图3-6 选定 Flash 文件的"库"面板

③要在当前 Flash 影片文档内使用选定 Flash 文件的"库"面板中的元件，可以将元件拖曳到当前 Flash 影片文档的"库"面板中或舞台上。

3.2.5　影片剪辑元件

影片剪辑元件是使用最频繁的元件类型，其功能强大，利用它可以制作出效果丰富的动画效果。

使用影片剪辑元件可以创建可重复运用的动画片段。影片剪辑拥有自己的独立于主时间轴的多帧时间轴。可以将影片剪辑看作主时间轴内的嵌套时间轴，它们可以包含交互式控件、声音甚至其他影片剪辑实例；也可以将影片剪辑实例放在按钮元件的时间轴内，以创建动画按钮。

创建影片剪辑元件的方法：选择"插入"→"新建元件"命令，弹出"创建新元件"对话框。在"名称"文本框中可以输入元件的名称，默认名称是"元件1"。"类型"选项选择"影片剪辑"（图3-7）。单击"确定"按钮即可创建完成。

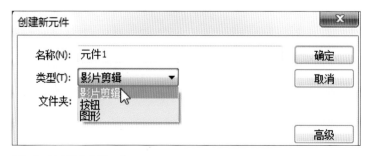

图3-7 创建影片剪辑元件

3.2.6 按钮元件

按钮元件是实现 Flash 动画和用户进行交互的灵魂，它能够响应鼠标事件（单击或者滑过等），执行指定的动作。按钮元件可以拥有灵活多样的外观。可以是位图，也可以是绘制的形状；可以是一根线条，也可以是一个线框；可以是文字，甚至还可以是看不见的"透明按钮"。

创建按钮元件的方法：选择"插入"→"新建元件"命令，弹出"创建新元件"对话框。在"名称"文本框中可以输入元件的名称，默认名称是"元件1"。"类型"选项选择"按钮"（图3-8）。单击"确定"按钮进入按钮元件的编辑场景中（图3-9）。

图3-8 创建按钮元件

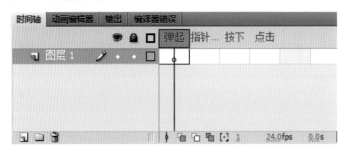

图3-9 按钮元件的时间轴

按钮元件拥有和影片剪辑元件、图形元件不同的编辑场景，其时间轴上只有4个帧，通过这4个帧可以指定不同的按钮状态。

- "弹起"帧：表示鼠标指针不在按钮上时的状态。
- "指针经过"帧：表示鼠标指针在按钮上时的状态。
- "按下"帧：表示鼠标单击按钮时的状态。
- "点击"帧：定义对鼠标作出反应的区域，这个反应区域在影片播放时是看不到的。这个帧上的图形必须是一个实心图形，该图形区域必须足够大，以包含前面3帧中的所有图形元素。运行时，只有在这个范围内操作鼠标才能被播放器认定为事件发生。如果该帧为空，则默认以"弹起"帧内的图形作为响应范围。

任务 1   任务 2

制作逐帧动画

逐帧动画是 Flash 的一种基本动画形式，其将动画中的每一帧都设置为关键帧，在每一个关键帧中创建不同的内容。这样，当人们播放这段画面时，根据视觉停留的原理，人的眼睛会将原来并不连续的静态图片看成一个连续的动作，从而形成动画效果。逐帧动画具有非常大的灵活性，几乎可以表现设计者任何想表现的内容。在制作逐帧动画时，需要充分了解动画规律，并且要有足够的耐心去设置每一个关键帧上图片的变化，逐帧动画尤其适合于制作一些细腻的动画表现形式，例如，人物的走路、急速转身、人物头发、衣服的飘动、水波荡漾等效果。在接下来的学习过程中，我们将了解逐帧动画的动画原理及制作方法，并能够通过运用一定的制作技巧提高逐帧动画的制作效果和动画质量。

学习目标

（1）掌握时间轴与帧的概念。
（2）掌握帧的编辑方法。
（3）了解 Flash 动画的基本类型。
（4）掌握逐帧动画的制作方法。

P43—60

4.1

时间轴与帧

4.1.1 时间轴

在 Flash 中，时间轴是进行 Flash 作品创作的核心部分。时间轴由图层、帧和播放头组成，它主要用于组织和控制文档内容在一定时间内播放的层数和帧数。其由许多小格组成，每一个小格就相当于传统动画制作的一幅画面。

时间轴从形式上可以分为两部分，即左侧的图层操作区和右侧的帧播放区。在时间轴上端标有帧号，播放头表示当前帧的位置，影片的进度通过帧来控制。帧是用小格符号来表示的，关键帧带有一个黑色的圆点（图4-1）。在帧与帧之间可以创建多种动画形式。

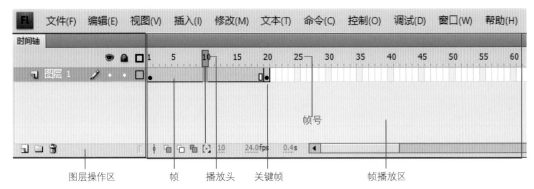

图4-1 时间轴面板的组成

4.1.2 帧

在传统动画中，要完成一个动作需要将这个动作按每秒 24 帧一张一张地画出来，也就是说，在传统的动画制作中，眼睛所看到的一秒钟动画里就有 24 帧静态图片。而在 Flash 动画中，就不必绘制出每一帧的画面了。帧的运用大大提高了人们制作动画的效率，人们只需确定动作开始的一帧和结束的一帧，其余过渡的动作就会由计算机自动生成。因此，帧是制作 Flash 动画的基本要素，Flash 中的帧包括普通帧、关键帧和空白关键帧（图4-2）。

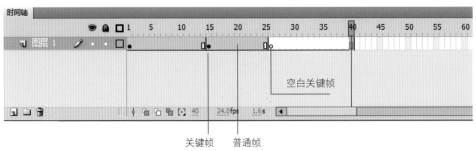

图4-2 帧的类型

制作一个Flash动画的过程其实就是对每一帧进行操作的过程，通过"时间轴"面板右侧的帧操作区进行各项操作，可以制作出丰富多彩的动画效果，其中的每一帧均代表一个画面。在默认情况下，新建的Flash文档中包含一个图层和一个空白关键帧，操作者可以根据自己的需要，在时间轴上创建一个或多个帧。

4.2.1 创建普通帧

普通帧，是指在时间轴上能显示实例对象但不能对实例进行编辑操作的帧。在Flash中，创建普通帧的方式有下述两种。

①方法一：选择"插入"→"时间轴"→"帧"命令，或者按下F5键，即可插入一个普通帧。

②方法二：在"时间轴"面板中需要插入普通帧的地方单击鼠标右键，在弹出的快捷菜单中选择"插入普通帧"命令，即可插入一个普通帧（图4-3、图4-4）。

图4-3 插入普通帧

图4-4 插入普通帧后的效果

4.2.2　创建关键帧

顾名思义，关键帧为有关键内容的帧。关键帧可用来定义动画变化和状态的更改，即能对舞台上存在的实例对象进行编辑。在 Flash 中，创建关键帧的方法有下述两种。

①方法一：选择"插入"→"时间轴"→"关键帧"命令，或者按下F6键，即可插入一个关键帧。

②方法二：在"时间轴"面板中需要插入关键帧的地方单击鼠标右键，在弹出的快捷菜单中选择"插入关键帧"命令，即可插入一个关键帧（图4-5、图4-6）。

图4-5　插入关键帧

图4-6　插入关键帧后的效果

4.2.3　创建空白关键帧

空白关键帧是一种特殊的关键帧，不包含任何实例内容。当用户在舞台中自行加入对象后，该帧将自动转换为关键帧。相反，当用户将关键帧中的对象全部删除后，该帧又会自动转换为空白关键帧，如图4-7、图4-8所示。

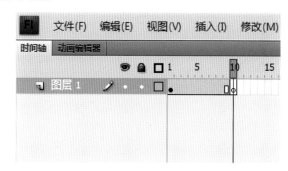

图4-7 插入空白关键帧

图4-8 插入空白关键帧后的效果

4.2.4 选取帧

选取帧是对帧进行操作的前提。选择相应操作的帧后也就选择了该帧在舞台中的对象。在 Flash 动画制作的过程中，可以选择同一图层中的单帧或多帧，也可以选择不同图层的单帧或多帧，选中的帧会以蓝色背景显示。选择帧的方法有下述 5 种。

（1）选择同一图层中的单帧

在"时间轴"面板右侧的时间线上，单击即可选中单帧（图4-9）。

图4-9 选择同一图层中的单帧

（2）选择同一图层中的相邻多帧

在"时间轴"面板右侧的时间线上，选择单帧，然后在按住Shift键的同时再次单击某帧，即可选中两帧之间所有的帧（图4-10）。

图4-10　选择同一图层中的相邻多帧

（3）选择相邻图层的单帧

选择"时间轴"面板上的单帧后，在按住Shift键的同时单击不同图层的相同单帧，即可选择这些图层的同一帧，如图4-11所示。此外，在选择单帧的同时向上或者向下拖曳，同样可以选择相邻图层的单帧。

（4）选择相邻图层的多个相邻帧

选择"时间轴"面板上的单帧后，在按住Shift键的同时单击相邻图层的不同帧，即可选择不同图层的多个相邻帧（图4-12）。在选择多帧的同时向上或者向下拖曳，同样可以选择相邻图层的相邻多帧。

图4-11　选择相邻图层的单帧　　　　　　　　图4-12　选择相邻图层的多个相邻帧

（5）选择不相邻的多帧

在"时间轴"面板右侧时间线上单击，选择单帧，然后在按住Ctrl键的同时依次单击其他不相邻的帧，即可选中多个不相邻的帧（图4-13）。

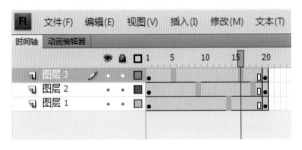

图4-13　选择不相邻的多帧

4.2.5　复制帧

复制帧是指将选择的各帧复制到剪贴板中，用于备用。对帧进行复制后，原来的帧仍然存在。复制帧的方法有下述两种。

①方法一：选择要复制的帧，选择"编辑"→"时间轴"→"复制帧"命令，或者按Ctrl+Alt+C

键，即可复制所选择的帧。

②方法二：选择要复制的帧，在"时间轴"面板中单击鼠标右键，在弹出的快捷菜单中选择"复制帧"命令，即可复制所选择的帧（图4-14）。

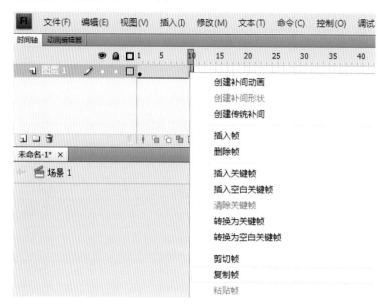

图4-14　复制帧

4.2.6　剪切帧

剪切帧是指将选择的各帧剪切到剪贴板中，用于备用。与复制帧不同的是，剪切后，原来的帧被删除了。剪切帧的方法有下述两种。

①方法一：选择要剪切的帧，选择"编辑"→"时间轴"→"剪切帧"命令，或者按Ctrl+Alt+X键，即可剪切所选择的帧。

②方法二：选择要剪切的帧，在"时间轴"面板中单击鼠标右键，在弹出的快捷菜单中选择"剪切帧"命令，即可剪切所选择的帧（图4-15）。

图4-15　剪切帧

4.2.7 粘贴帧

粘贴帧是指将复制或剪切的帧进行粘贴操作。粘贴帧的方法有下述两种。

①方法一：将鼠标指针放置于"时间轴"面板上需要粘贴帧的位置上，选择"编辑"→"时间轴"→"粘贴帧"命令，或者按下Ctrl+Alt+V键，即可将复制或剪切的帧粘贴到此处。

②方法二：将鼠标指针放置于"时间轴"面板上需要粘贴帧的位置，单击鼠标右键，在弹出的快捷菜单中选择"粘贴帧"命令，即可将复制或剪切的帧粘贴到此处（图4-16）。

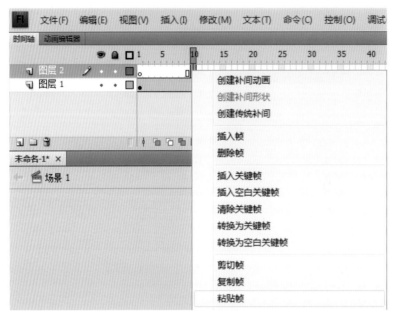

图4-16　粘贴帧

4.2.8 移动帧

移动帧的操作方法如下：选择要移动的帧（例如选择第10帧），按住鼠标左键将它们拖放至合适的位置（拖移至第15帧位置）（图4-17），然后释放鼠标即可，可看到将所选帧移动到了15帧的位置，（图4-18）。

图4-17　选中第10帧，拖移到第15帧位置

图4-18　松开鼠标后的效果

4.2.9 删除帧

在制作Flash动画的过程中，难免会出错。如果出现错误或者有多余的帧，就需要将其删除。删除帧的方法有下述两种。

①方法一：选择要删除的帧，单击鼠标右键，在弹出的快捷菜单中选择"删除帧"命令，即可删除所选择的帧（图4-19、图4-20）。

图4-19 删除帧

图4-20 删除帧后的效果

②方法二：选择要删除的帧，按Shift + F5键，即可删除所选择的帧。

4.2.10 清除帧

选中要清除的帧，单击"编辑"→"时间轴"→"清除帧"命令，即可清除不需要的帧。注意，很多人容易混淆"删除帧"和"清除帧"命令。二者的区别在于"清除帧"命令是将帧上的内容清除后，会以"空白帧"来占据时间轴上的位置，如图4-21、图4-22所示。

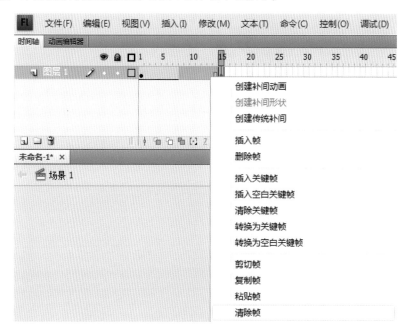

图4-21 清除帧

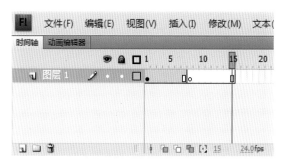

图4-22 清除帧后的效果

4.3

Flash 动画的基本类型

4.3.1 逐帧动画

逐帧动画是通过修改时间轴上的每一帧而形成的动画效果。逐帧动画中的每一帧都是关键帧，而每一个关键帧上的对象又有所变化，主要适用于每个帧的图形元素必须不相同的复杂动画制作，如图4-23、图4-24所示。

图4-23 逐帧动画

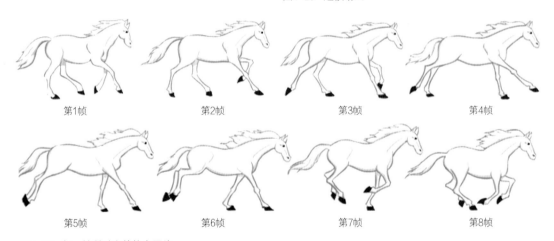

第1帧　　　　　　第2帧　　　　　　第3帧　　　　　　第4帧

第5帧　　　　　　第6帧　　　　　　第7帧　　　　　　第8帧

图4-24 每一帧所对应的静态图片

4.3.2 补间动画

"补间动画"是Flash CS4新增的一种动画形式，当舞台中出现一个元件后，不需要在时间轴的其他地方再创建关键帧，在当前图层选择"补间动画"，这段补间就会变成浅蓝色，之后只需要在时间轴用户所需要添加关键帧的位置直接拖动该元件，就自动形成了一个补间动画，并且这个补间动画的路径是直接显示在舞台上，可以通过手柄加以调整，如图4-25、图4-26、图4-27所示。

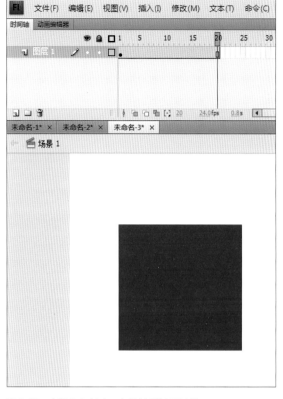

图4-25　在舞台上创建一个元件延长至20帧

图4-26　选中第20帧，单击鼠标右键后选择"创建补间动画"

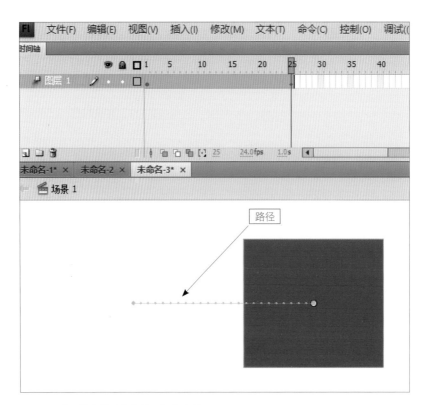

图4-27　将20帧上的对象拖移至舞台右侧

4.3.3　补间形状

补间形状就是变形，可以是对象位置、大小和颜色的变化，但最主要的还是形状的改变。例如正方形变成三角形，字母A变成字母B等，如图4-28、图4-29所示。

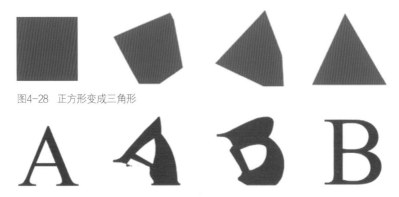

图4-28　正方形变成三角形

图4-29　字母A变成字母B

注意，如果要对实例、组合、文本块或者位图进行补间形状，必须先将对象打散，使之成为分离的图形，如图4-30所示，然后才能进行补间形状。创建成功的补间形状为浅绿色背景的实线箭头，如图4-31所示。

分离对象的方法有下述两种：

①选中当前对象，单击菜单栏"修改"→"分离"命令，或直接按下 Ctrl+B 键，即可将所选对象分离。

②选中当前对象，单击鼠标右键，在弹出的快捷菜单中选择"分离"命令，即可将所选对象分离（图4-32）。

图4-30 已经成分离状态的字母A　图4-31 补间形状

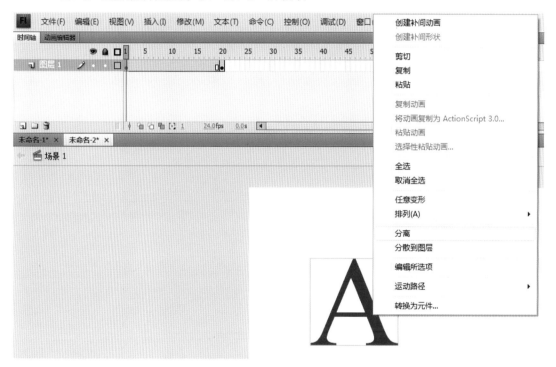

图4-32 分离字母A

4.3.4 传统补间

传统补间是给一个对象的两个关键帧分别定义不同的属性，如大小、颜色、位置和角度等，并在两个关键帧之间创建一个变化关系（图4-33、图4-34）。

创建成功的传统补间动画为浅蓝色背景的实线箭头（图4-35）。

图4-33　汽车初始帧位置

图4-34　汽车最后一帧的位置

图4-35　创建补间动画

认识逐帧动画

4.4.1 逐帧动画的制作方法

制作逐帧动画时，需要将每个帧都定义为关键帧，然后给每个帧创建不同的图像。在创建过程中，每个新关键帧最初包含的内容和它前面的关键帧内容是一样的。制作逐帧动画的方法有下述两种。

①导入图像序列，建立逐帧动画（图4-36至图4-39）。

②在时间轴中更改连续帧中的内容，创建逐帧动画（图4-40至图4-42）。

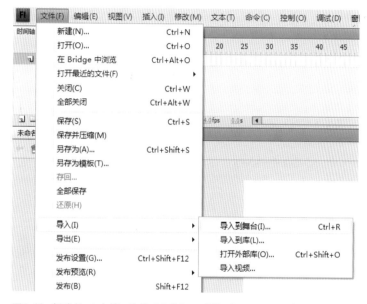

图4-36 新建Flash文档，选择"文件"→"导入"→"导入到舞台"

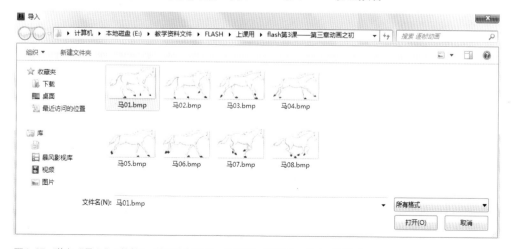

图4-37 弹出"导入"对话框，找到素材文件，选中第一张图片，单击"打开"

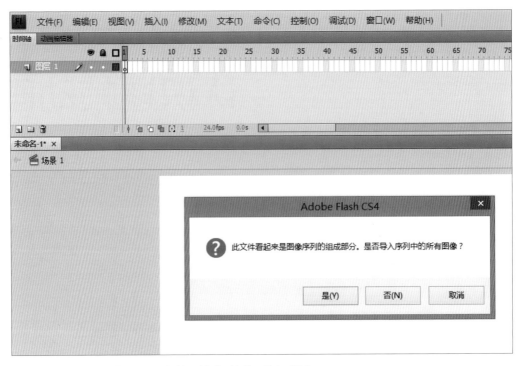

图4-38 计算机弹出一个对话框，自动识别为序列文件，单击"是"

图4-39 逐帧动画创建完成

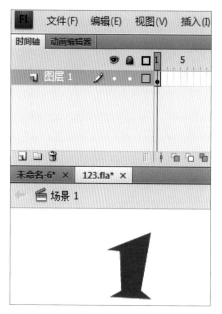

图4-40 第1帧，绘制矢量图形"1"

图4-41 在第2帧插入关键帧，绘制矢量图形"2"

图4-42 在第3帧插入关键帧，绘制矢量图形"3"

4.4.2 绘图纸功能

在制作逐帧动画的过程中，通过运用一定的制作技巧，可以快速提高制作逐帧动画的效率，也能使制作的逐帧动画质量得到大幅度提高。在此向大家介绍"时间轴"面板上的绘图纸功能，用户可以使用绘图纸功能，在编辑动画的同时查看多个帧中的动画内容。在制作逐帧动画时，利用该功能可以对各关键帧中图形的大小和位置进行更好的定位，并可参考相仿关键帧中的图形，对当前帧中的图形进行修改和调整，从而在一定程度上提高制作逐帧动画的质量和效率。逐帧动画在时间轴上的表现形式为连续出现的关键帧，如图4-43所示，可以看到时间轴上使用绘图纸功能的相关按钮。

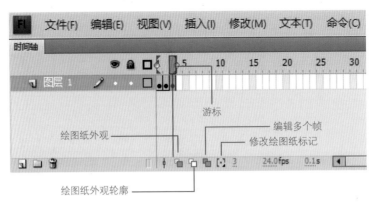

图4-43 打开时间轴"绘图纸功能"后各按钮功能

①"绘图纸外观"按钮：单击此按钮，开启"绘图纸外观"功能，按住鼠标左键拖动时间轴上的游标，可以增加或减少场景中同时显示的帧数量。再根据需要调整显示的帧数量后，即可在场景中看到选中帧和其相邻帧中的内容。

②"绘图纸外观轮廓"按钮：单击该按钮，可将除当前帧外所有在游标范围内的帧以轮廓的方式显示。

③"编辑多个帧"按钮：单击该按钮，可对处于游标范围内并显示在场景中所有关键帧中的内容进行编辑。

④"修改绘图纸标记"按钮：单击该按钮将打开相应的快捷菜单，在快捷菜单中可对"绘图纸外观"是否显示标记、是否锚定绘图纸以及对绘图纸外观所显示的帧范围等选项进行设置。

任务1　　　　任务2

制作补间动画

动画是一个创建动作或其随着时间变化的幻觉过程。动画可以是一个物体从一个地方到另一个地方的移动，也可以是经过一段时间后发生颜色的改变。改变可以是形态上的，也可以是形状上的，即从一个形状变成另外一个形状。任何随着时间而发生的位置或者形状上的改变都可以称为动画。

补间动画是 Flash 中非常重要的表现手段之一，在 Flash CS4 中，动画的类型主要有 3 种，即补间动画、补间形状和传统补间。通过本项目的学习，我们将了解这 3 种补间动画各自的特点及其创建方法，并掌握简单的动画制作过程。

学习目标

（1）掌握图层的原理和作用。
（2）掌握编辑图层的方法。
（3）掌握创建补间动画的方法。
（4）掌握创建传统补间的方法。
（5）掌握创建补间形状的方法。

P61—76

5.1

图层的原理与作用

5.1.1 图层的原理

　　形象地说，Flash 中的图层可以看成是叠放在一起的透明胶片，如图5-1所示。如果图层上没有任何对象，就可以通过它直接看到下一层的对象。各图层之间可以独立地操作，不会影响到其他的图层，使用图层并不会增加动画文件的大小，相反其可以更好地安排和组织图形、文字以及动画。

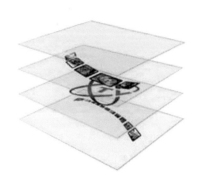

图5-1　图层的原理

5.1.2 图层的作用

　　图层是 Flash 中最基本而又最重要的内容，人们可以根据需要，在不同的图层上编辑不同的对象，也可以通过图层来实现不同运动规律的动画在同一个舞台中播放而互不影响，并在放映时得到合成的效果。因此，掌握图层的知识有利于人们更好地制作丰富、复杂的动画效果。在 Flash 中，图层面板位于时间轴的左侧，如图5-2所示。

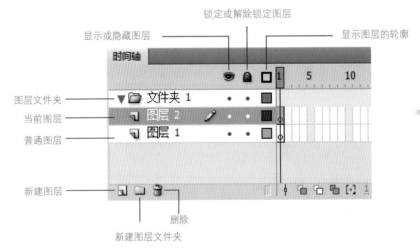

图5-2　图层的组成

62

在 Flash 中，人们可以创建不同类型的图层以满足动画制作的需要，Flash 中的图层主要分为下述 5 类。

①普通图层：普通图层是最常用的图层，一般在新建一个 Flash 文档后，默认状态下就会建立一个普通图层，可以通过图层面板上的"新建图层"按钮 ⬜ 创建出的图层，就是普通图层，其图标为 ⬜ （图5-3）。

②引导层：引导层用来引导其下一层中对象的运动路径，其图标为 ⌒。

③被引导层：该图层位于引导层的下方，是与引导层相关联的普通层，用户可以将多个被引导层同时与一个引导层相关联（图5-4）。

图5-3 普通图层

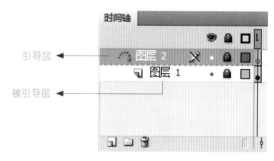

图5-4 引导层与被引导层

④遮罩层：遮罩层用于遮罩被遮罩图层上的对象，使用遮罩层可以实现多种特殊的效果，如探照灯效果、写字效果等，其图标是 ⬛ （图5-5）。如要编辑遮罩层，需要将后边的锁定图标 🔒 打开，编辑完成后再次单击 🔒 图标，效果如图5-6所示。

⑤被遮罩层：位于遮罩图层的下方，是与遮罩图层相关联的普通层，用户可以将多个被遮罩层同时与一个遮罩层相关联，其图标是 ⬛ （图5-5）。如果要编辑被遮罩层，需要先将后边的锁定图标 🔒 打开，编辑完成后再次单击 🔒 图标（图5-7）。

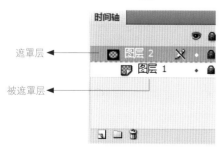

图5-5 遮罩层与被遮罩层

图5-6 解除锁定状态，编辑遮罩层

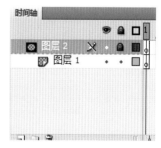

图5-7 解除锁定状态，编辑被遮罩层

5.3

图层的编辑

5.3.1 新建图层与图层文件夹

新建图层与图层文件夹的方法有下述3种。

①通过按钮创建。单击图层面板中的"新建图层"按钮
，可以新建一个图层。单击"新建文件夹"按钮 ，可以
新建一个图层文件夹（图5-8）。该方法是人们创建图层或图层
文件夹使用最多、也最快捷的方法。

②通过菜单创建。选择"插入"→"时间轴"→"图层"或
"图层文件夹"命令，同样可以新建一个图层或图层文件夹。

③通过右键菜单创建。在"时间轴"面板左侧的图层处单击
鼠标右键，在弹出的快捷菜单中选择"插入图层"或"插入图层
文件夹"命令，也可以新建一个图层或图层文件夹（图5-9、图
5-10）。

图5-8 新建图层和图层文件夹

图5-9 新建图层

图5-10 新建图层文件夹

5.3.2 重命名图层与图层文件夹

新建图层或图层文件夹后，系统会默认其名称为"图层1""图层2"，"文件夹1"，"文件夹2"，……
为了方便管理，用户可以根据自己的需要重新将其命名，方法如下所述。

①双击某一图层左侧"默认名称"，使其进入编辑状态，输入新的图层名字即可，按下Enter键执行
命令（图5-11、图5-12）。

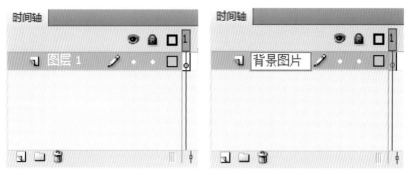

图5-11 默认图层名称　　　　　　图5-12 重命名图层名称

②可以在图层上单击右键，且在弹出的快捷菜单中选择"属性"命令，然后在"图层属性"对话框中输入图层的名称即可（图5-13、图5-14）。

图5-13 打开"图层属性"对话框　　　　　图5-14 重命名图层名称

5.3.3 选择图层与图层文件夹

在对某一图层进行操作前，必须先选择它。选择图层及图层文件夹的方法相同，下面以图层为例进行介绍。选择图层与图层文件夹的方法有下述 3 种。

①选择单个图层。直接使用鼠标单击图层，即可选中该图层。

②选择多个连续图层。单击选择一个图层，然后在按住Shift键的同时单击另一图层，即可选中两个图层之间的所有图层（图5-15）。

③选择多个不连续的图层。单击选择一个图层，然后按住Ctrl键依次单击其他需要选择的图层，即可选中多个不连续的图层（图5-16）。

图5-15　选择多个连续图层　　　　图5-16　选择多个不连续图层

5.3.4　调整图层与图层文件夹的顺序

　　在 Flash 中建立图层时，系统会以自下向上的顺序依次添加图层或图层文件夹。但是在制作动画时，用户可以根据需要调整图层的顺序，方法如下：选择要更改顺序的图层，按住鼠标左键不放向上或者向下进行拖移，将该图层拖移到合适位置后释放鼠标即可（图5-17、图5-18）。

图5-17　选中图层　　　　　　　　图5-18　移动后的图层位置

5.3.5　显示或隐藏图层

图5-19　隐藏单个图层

　　①显示或隐藏单个图层。单击某图层 ◉ 图标下方的 • 图标，使之变成 ✕，表示已隐藏该图层。如果想显示该图层，再次单击 ✕ 图标使其变成 • 即可，如图5-19所示。

　　②显示或隐藏全部图层。在默认情况下，所有的图层都是显示的。单击图层控制区第一行的 ◉ 图标，可隐藏所有的图层，此时所有图层都将出现 ✕ 标记。若需显示，再次单击 ◉ 图标，变成 • 即可（图5-20、图5-21）。

　　③显示或隐藏连续多个图层。单击某图层 ◉ 图标下方的 • 图标，使之变成 ✕，然后按住鼠标左键垂直拖动至某图层后释放鼠标，即可隐藏鼠标所经过的所有图层（图5-22）。

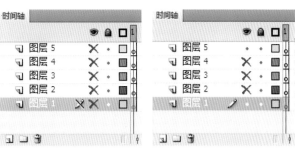

图5-20 单击图标　　　　图5-21 隐藏全部图层　　　　图5-22 隐藏连续多个图层

5.3.6　锁定与解锁图层

在编辑窗口中修改单个图层中的对象时，若要在其他图层显示状态下对其修改，可先将其他图层锁定，然后再选定需要修改的对象进行修改。锁定与解锁图层的方法和显示与隐藏图层的方法相似，新创建的图层处于解锁状态。

①锁定或解锁单个图层。单击某图层内 🔒 图标下方的 • 图标，使之变成 🔒 图标，表示已锁定该图层。如果想取消锁定，再次单击使 🔒 变成 • 即可解锁该图层（图5-23）。

②锁定或解锁所有图层。单击图层控制区第一行的 🔒 图标，可锁定所有图层。再次单击 🔒 图标，可解锁所有图层（图5-24、图5-25）。

图5-23 锁定单个图层

图5-24 单击图标

图5-25 锁定全部图层

5.3.7　图层与图层文件夹对象轮廓显示

系统默认创建的动画为实体显示状态，如果想使图层或图层文件夹中的对象呈现轮廓显示状态，方法如下所述。

①单个图层的对象轮廓显示：单击某图层右侧的 ▨ 图标，当其显示为 ▢ 时，表示当前图层的对象显示为轮廓（图5-26、图5-27）。

②将全部图层显示为轮廓。单击图层控制区第一行的 ▢ 图标，可将所有图层与图层文件夹中的对象显示为轮廓（图5-28、图5-29）。

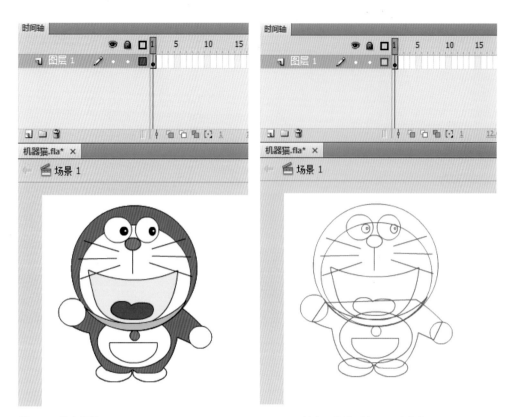

图5-26 单击图标　　　　　　　　　　　　　　图5-27 单个图层的对象显示为轮廓

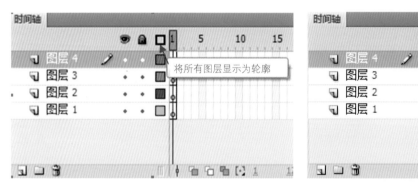

图5-28 单击图标　　　　　　　　　　　　　　图5-29 将全部图层显示为轮廓

5.3.8　删除图层与图层文件夹

　　在 Flash 制作过程中，若发现某个图层或图层文件夹无任何意义，可将其删除。删除图层和图层文件夹的方式一致，以删除图层为例，删除图层的方法有下述两种。

　　①选择不需要的图层，单击图层区域中的图标，即可删除该图层。

　　②将光标移动到需要删除的图层上方，按住鼠标左键不放，将其拖移到图层面板的 🗑 图标，释放鼠标，即可删除该图层。

创建补间动画

5.4.1 补间动画的制作方法

补间动画功能强大且易于创建，是Flash CS4时间轴新增的一种动画形式，可以应用于元件实例和文本字段，制作补间动画的对象必须转换为元件。

当舞台中出现一个元件后，不需要在时间轴的其他地方再创建关键帧，只需要将鼠标移动到当前图层的任意一帧，单击鼠标右键，在弹出的快捷菜单中选择"补间动画"，这段补间就会变成浅蓝色了（图5-30、图5-31）。之后只需要在时间轴用户需要添加关键帧的位置直接拖动该元件，就自动形成了一个补间动画，并且这个补间动画的路径是直接显示在舞台上，可以通过手柄加以调整（图5-31、图5-32）。

图5-30 创建补间动画

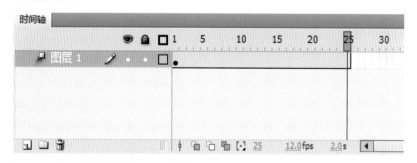

图5-31 补间动画创建成功后显示为浅蓝色

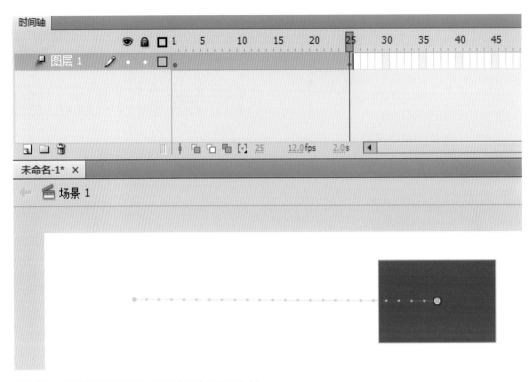

图5-32 对象的位置发生改变，显示补间动画的运动路径

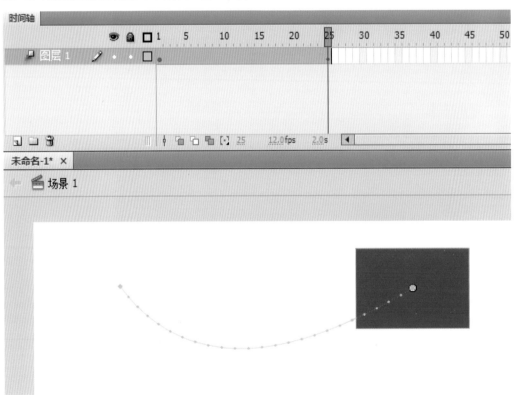

图5-33 调整补间动画的运动路径

5.4.2 补间动画的参数设置

创建Flash补间动画成功后，单击补间上的任意一帧，可对"属性"面板中的参数进行设置（图5-34）。

①缓动：控制动画运动速度的快慢。

②旋转：控制对象旋转的角度。

③路径：控制对象的运动路径。

图5-34 补间动画属性面板

5.4.3 补间动画的应用分析

补间动画Flash CS4版本新增的一个功能，使人们对制作动画有了一个全新的认识。众所周知，要实现动画一定要有关键帧，在关键帧中对象或对象的属性发生变化就形成了动画效果。对于关键帧，在Flash CS4中应该有不同的认识。正如上面所说，实现动画需在关键帧中改变对象或对象的属性。在Flash CS4版本，人们只需要设置一个关键帧，同样可以制作出动画效果，并且会直接在舞台上显示该对象的运动路径，人们还可以通过手柄来调节该路径的形状，这样就直接实现了以前"引导层动画"的效果。

补间动画功能强大且易于创建，能够帮助人们更快捷地制作动画效果。

5.5

创建补间形状

5.5.1 补间形状的制作方法

补间形状是矢量文字或矢量图形通过形态变形后形成的动画。其可以是对象位置、大小、颜色的变化，但最主要的还是形状的变化。在 Flash 中输入的文字，或者绘制的图形，必须以分离的状态（选中对象，执行"Ctrl+B"命令）才能进行形状的变形。

在制作补间形状动画时，必须具备下述条件。

①在一个补间形状动画中至少有两个关键帧。

②这两个关键帧中的对象必须是可编辑的图形，也就是必须呈现"分离"状态。

③这两个关键帧中的对象，必须有一些变化，否则制作的动画将没有动画效果。

当创建了补间形状动画后，在两个关键帧之间会有一个浅绿色背景的实线箭头（图5-35），表示该补间形状创建成功。如果两个关键帧之间是一条虚线（图5-36），则说明补间形状动画没有创建成功，原因可能是动画对象不是可编辑的图形。此时，需要运用"分离"命令将其转换为可编辑的图形。

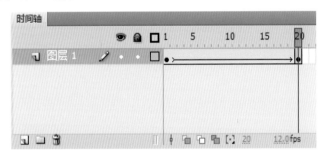

图5-35 创建成功的补间形状动画

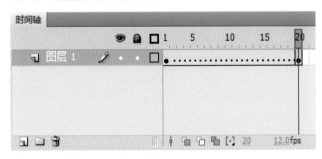

图5-36 创建不成功的补间形状动画

5.5.2 补间形状的参数设置

创建 Flash 补间形状成功后，单击补间上的任意一帧，在"属性"面板中有两个参数（图5-37）。

①"缓动"选项。将鼠标移动到默认参数"0"的下方，会显示"滑动值"字样，拖动滑条可以调节参数值，也可以在文本框中直接输入具体的数值。设置参数后，补间形状动画会发生相应的变化。数值为1~-100时，动画运动速度从慢到快，朝运动结束的方向加速度补间；数值为1~100时，动画运动速度从快到慢，朝运动结束的方向减慢补间；在默认情况下，补间帧之间的变化速率是不变的。

②"混合"选项。其支持两个子选项："角形"选项，创建的动画中间形状会保留有明显的角和直线，适合于具有锐化转角和直线的混合形状；"分布式"选项，创建的动画中间形状比较平滑和不规则，形状变化得更加自然。

图5-37 补间形状属性设置

5.5.3 补间形状的应用分析

人们常常运用补间形状来实现两个对象之间大小、形状、颜色、位置的变化，但主要是实现对象形状的变化。制作补间形状不需要将对象转换为元件，但必须使对象呈现分离的状态，制作补间动画非常方便快捷，深受用户的喜爱。例如正方形变成三角形，字母 A 变成字母 B 等（图5-38、图5-39）。

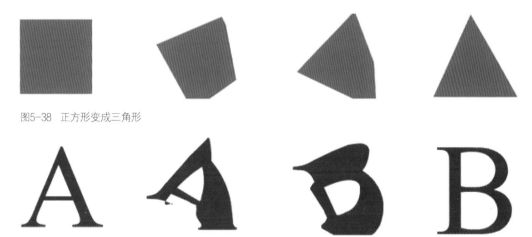

图5-38 正方形变成三角形

图5-39 字母A变成字母B

5.6

创建传统补间

5.6.1 传统补间的制作方法

传统补间是制作 Flash 动画常用的一种方法。其需要创建两个关键帧，前后两个关键帧是同一个对象。它给一个对象的这两个关键帧分别定义不同的属性，如大小、颜色、位置和角度等，通过改变关键帧上对象的属性，使两个关键帧之间创建一个变化关系。在两个关键帧之间设置"创建传统补间"，传统补间就创建成功了。

其制作方法就是在舞台中创建元件后，设置好开始帧、结束帧对象的变化，即可创建补间动画了。

例如，在舞台上新建一个元件，将鼠标移动到时间轴合适的位置上再创建一个关键帧，对该帧上对象的属性进行修改，如调整颜色、位置，选择补间上的任意一帧，单击鼠标右键，在弹出的快捷菜单中选择"创建传统补间"即可（图5-40至图5-42）。

图5-40 创建关键帧

图5-41 创建"传统补间"

制作传统补间动画时，需要满足下述 3 个条件。

①在一个传统补间动画中至少要有两个关键帧。

②在一个传统补间动画中，两个关键帧中的对象必须是同一个对象，且对象必须是元件。

③两个关键帧中的对象必须有一些变化，否则制作的动画将没有动画变化的效果。

当创建了传统补间动画后，在两个关键帧之间会有一个浅蓝色背景的实线箭头，表示该传统补间创建成功。如果两个关键帧之间是一条虚线（图5-43），则说明传统补间动画没有创建成功。

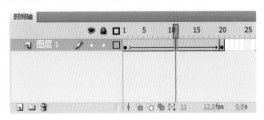

图5-42 传统补间创建成功

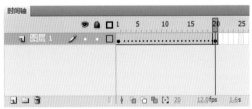

图5-43 创建不成功的传统补间

5.6.2 传统补间的参数设置

　　传统补间创建成功后，选中任意一个关键帧，再单击该关键帧下的对象，会立即弹出一个"对象属性栏"，人们可以通过该属性栏中的一些参数设置来改变对象的属性（图5-44）。

　　①亮度：设置对象的明暗差异，数值为 –100～100，当数值为 –100 时，对象显示为黑色；当数值显示为100时，对象显示为白色。

　　②色调：控制对象颜色的变化，数值为0%～100%。

　　③高级：可以通过通道来控制对象颜色的变化，数值为–100%～100%。

　　④Alpha：控制对象不透明度的变化，数值为0%～100%。当数值为0时，对象不可见，当数值为100时，对象完全显示。

图5-44　关键帧上对象的"属性栏"

5.6.3 传统补间的应用分析

　　在 Flash CS4中，传统补间是大家比较熟悉且比较常用的一种创建补间动画的方式，人们可以利用传统补间的动画形式，以制作各种动画效果，如对象大小、位置、颜色的改变、Alpha值的改变等。

任务1　　　　任务2

制作特殊动画

通过项目 5 对 Flash 补间动画、补间形状以及传统补间的学习，我们已经能够运用所学的知识来制作 Flash 动画了。Flash 动画的表现形式丰富多样，人们在日常生活中所看到的一些动画形式，如旋转的风车、360°转体飞行的飞机、探照灯等动画效果，就属于 Flash 的特殊动画形式，那么如何才能制作出这些动画效果呢？

总体来说，Flash 的特殊动画形式主要分为以下3种：旋转动画、引导层动画和遮罩动画。通过本项目的学习，我们将了解以上3种 Flash 特殊动画的制作方法，以掌握更生动、更复杂的 Flash 动画的制作技巧。

学习目标

（1）掌握旋转动画的制作方法。
（2）掌握引导层动画的制作方法。
（3）掌握遮罩动画的制作方法。

P77—88

6.1

旋转动画

6.1.1 旋转动画的制作方法

在 Flash 动画制作的过程中，很多动画的完成都离不开旋转，如行驶中汽车轮子的转动、风车的旋转、电风扇的转动等。

创建旋转动画，首先需要创建传统补间动画。在传统补间动画创建成功后，单击补间上的任意一帧，在属性面板中可以设置旋转的参数。在"旋转"下拉列表框中，包含4种旋转方式（图6-1）。

①无：设置对象不做旋转运动。

②自动：为默认选项，设置对象以最小的角度旋转到终点位置。

③顺时针：以顺时针的顺序旋转对象，并可以输入一个数值，指定要旋转的次数。

④逆时针：以逆时针的顺序旋转对象，并可以输入一个数值，指定要旋转的次数。

下面来制作一段"风车旋转"动画。新建一个 Flash 文档，默认舞台参数，执行菜单栏"文件"→"导入"→"导入到舞台"命令，导入素材"风车.png"（图6-2）。

图6-1 属性面板　　　　　　　　　图6-2 导入素材

选中该对象，单击菜单栏"修改"→"转换为元件"命令（或者按下F8键，弹出"转换为元件"对话框），将图形转换为"图形元件"，命名为"风车"（图6-3）。

将鼠标移动到时间轴第20帧的位置，单击鼠标右键，在弹出的快捷菜单中选择"插入关键帧"（或者按下键盘上的F6键，直接插入关键帧）（图6-4）。

选中两个关键帧之间的任意一帧，单击鼠标右键，在弹出的快捷菜单中选择"创建传统补间"（图6-5、图6-6），两个关键帧之间会有一个浅蓝色背景的实线箭头，一个传统补间就创建成功了。

单击补间上的任意一帧，在属性面板中设置旋转的方式为"顺时针"，次数为"2"（图6-7）。

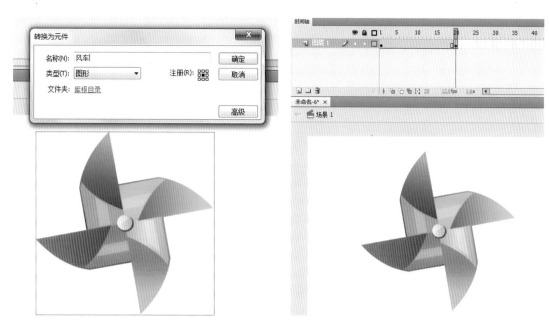

图6-3 转换为图形元件

图6-4 插入关键帧

图6-5 创建传统补间

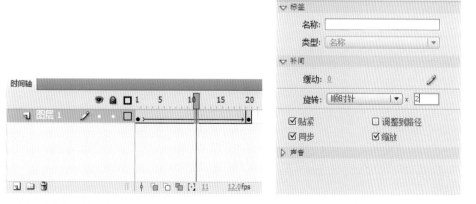

图6-6 传统补间创建成功

图6-7 设置旋转参数

按下键盘上的"Ctrl+Enter"组合键，预览动画效果。将文件命名为"风车旋转.fla"进行保存，这样，一段风车旋转的动画就制作完成。

6.2

引导层动画

6.2.1 引导层动画的制作方法

在实际的动画制作中，很多时候对象的位置移动并不是沿直线进行的，而是沿着一定的曲线发生变化，如飘落的树叶、飞舞的雪花等，这就需要设计者制作引导层动画了。

要制作引导层动画，至少需要两个图层。一个是普通图层，里面只含有1个对象；另一个是运动引导层，用户可以在该图层中绘制路径，使普通图层中的对象沿着该路径进行运动。在一个运动引导层下可以建立一个或多个被引导层（图6-8）。

在运动引导层中绘制的路径，必须是开放的，即有始点、有终点，在动画播放的过程中，引导层中的路径不会显示出来。

总结起来，制作引导层动画的方法如下所述。

①为对象创建传统补间动画。

②创建引导层，绘制路径。

③将运动物体的首帧与末帧分别与引导路径的起点与终点对齐。

接下来以"飞机飞行"为例来制作一段引导层动画。打开素材文件"飞机.fla"，这时舞台右侧已经有一架飞机的矢量图形（图6-9）。

选中"飞机"图形，按下F8键，弹出"转换为元件"对话框，将图形转换为"图形元件"，将其命名为"飞机"（图6-10）。

引导层 →

被引导层 →

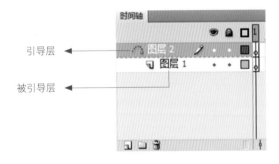

图6-8 引导层与被引导层

图6-9 打开素材文件

图6-10 转换为图形元件

将鼠标移动到时间轴第50帧的位置，按下键盘上的F6键"插入关键帧"（图6-11）。

选中两个关键帧之间的任意一帧，单击鼠标右键，在弹出的快捷菜单中选择"创建传统补间"（图6-12、图6-13），两个关键帧之间会有一个浅蓝色背景的实线箭头，一个传统补间就创建成功了。

单击图层面板上的"新建图层"按钮，新建"图层2"（图6-14）。

图6-11　创建关键帧

图6-12　创建传统补间

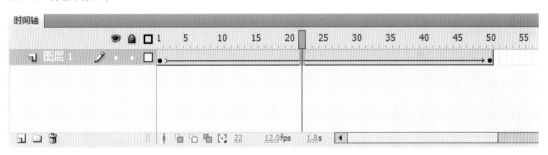

图6-13　传统补间创建成功

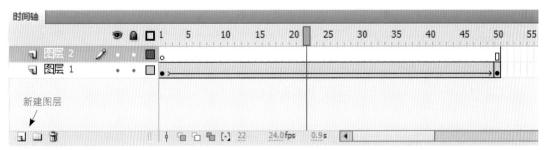

新建图层

图6-14　新建"图层2"

选择工具箱中的"铅笔工具"，选择"墨水模式"，将笔触的颜色设置为黑色，在舞台居中区域绘制出一条流畅的曲线（图6-15、图6-16）。

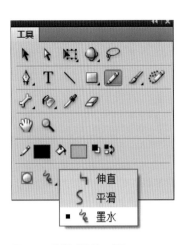

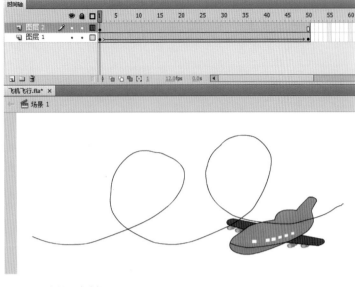

图6-15 选择"铅笔工具"　　　　图6-16 绘制运动路径

在绘制运动路径时，选择"铅笔工具"的"墨水"模式，系统会完全保留徒手绘制的曲线模式，不进行任何更改，使绘制的线条更加接近手写的感觉。

选中"图层2"，单击鼠标右键，在弹出的快捷菜单中选择"引导层"（图6-17）。再将"图层1"拖移至"图层2"的下方，形成连接关系，这时"图层2"的图标将由 ✎ 变成 ⌒，表示引导层动画创建成功（图6-18）。

选中"图层1"上的"第1帧"，将初始帧上的"飞机"图形移动至路径的右侧端点位置对齐（图6-19）。

选中"图层1"上的"第50帧"，将最后一帧上的"飞机"图形移动至路径的左侧端点位置对齐（图6-20）。

图6-17 将"图层2"设置为引导层

调整补间动画关键帧上的对象时，可以利用"任意变形工具" 选中对象，这时变形框会显示出对象的中心点，这样人们就能够更加准确、快速地将对象的中心点与路径的端点进行重合了。

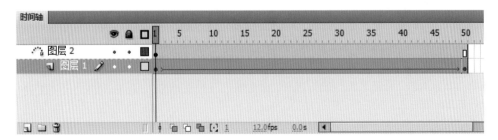

图6-18 引导层动画创建成功

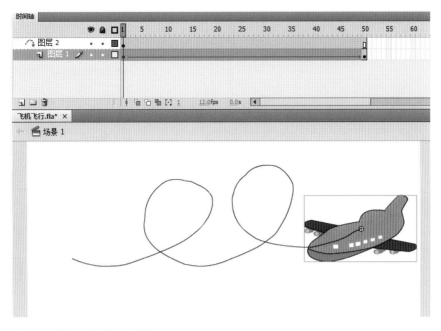

图6-19　调整初始帧的飞机位置

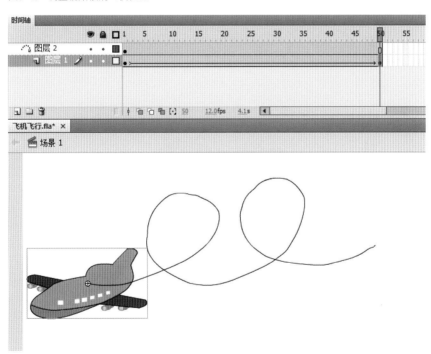

图6-20　调整最后一个关键帧上飞机的位置

按下Enter键播放动画效果，这时可以看见飞机已经能够沿着设计者创建出的曲线来运动（图6-21），但是飞机在运动过程中，并没有根据曲线弧度来调整运动角度，不符合运动规律。

将鼠标移动到补间上的任意一帧，在"属性"面板上勾选"调整到路径"命令，这时飞机就会根据路径进行360°转体飞行（图6-22、图6-23）。

按下键盘上的"Ctrl+Enter"组合键，预览动画效果。将文件命名为"飞机飞行.fla"进行保存，这样，一段引导层动画就制作完成。

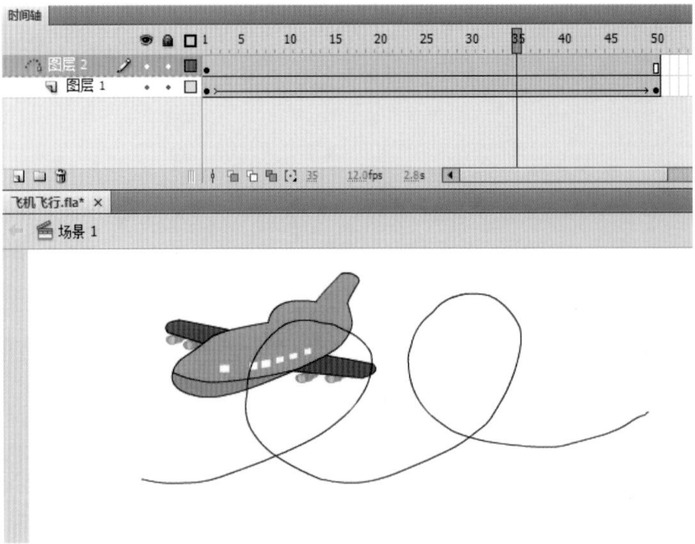

图6-21　引导层动画创建成功

图6-22　属性面板

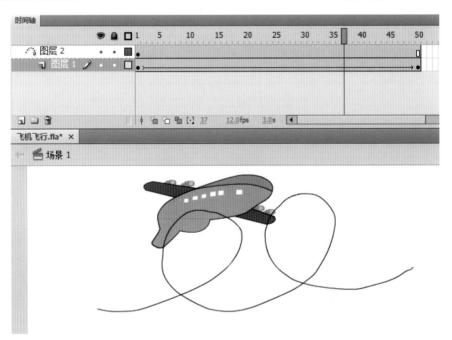

图6-23　勾选"调整到路径"命令

遮罩动画

6.3.1 遮罩动画的制作方法

在 Flash 中，人们常常看到一些神奇的动画效果，如探照灯效果、放大镜效果、卷轴展开效果、写字效果等，这些动画形式都是通过遮罩动画来制作的。遮罩动画作为 Flash 动画中的一个很重要的动画类型，主要通过图层来实现。遮罩动画至少需要两个图层，一个是遮罩层，另一个是被遮罩层（图6-24）。

在遮罩层中，设计者可以设置一个范围，其可以是一个矩形区域、一个圆，也可以是字体，甚至是随意画的一个区域，任何一个不规则形状的范围都可以用作遮罩。

遮罩层的下方就是被遮罩层，其内容会透过遮罩上的填充区域显示出来。用户可以将多个被遮罩层同时与一个遮罩层相关联。另外，人们可以在遮罩层、被遮罩层中分别或同时使用补间动画、补间形状、传统补间等，使遮罩动画变成一个可以施展无限想象力的创作空间。

接下来以"探照灯效果"为例，来制作一段遮罩动画，最终效果（图6-25）。

新建一个 Flash 文档，默认舞台参数，导入素材"背景.jpg"，按下"Ctrl+K"组合键，打开"对齐"面板，勾选"相对于舞台"按钮（图6-26）。分别单击左侧的"垂直居中"按钮 品、"水平居中"按钮 ▯▮，将背景图片调整至舞台正中位置（图6-27）。

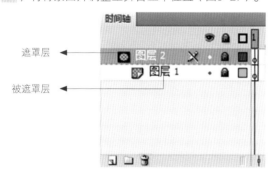

图6-24 遮罩层与被遮罩层

图6-25 遮罩动画——探照灯效果

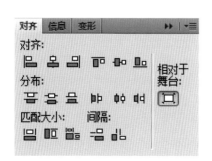

图6-26 打开"对齐"面板

图6-27 调整图片位置

将鼠标移动到时间轴第80帧的位置，按下键盘上的F5键"插入帧"，将"图层1"延长至第80帧的位置（图6-28）。

单击图层面板上的"新建图层"按钮 ⬐ ，新建"图层2"（图6-29）。

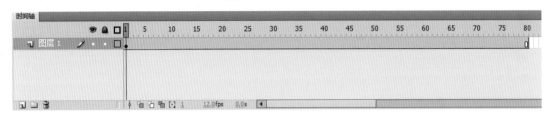

图6-28 插入帧

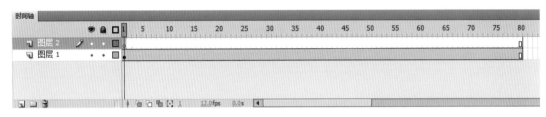

图6-29 新建"图层2"

单击"图层2"的"第1帧"，选择"椭圆工具" ⬯ ，设置笔触颜色为无填充 ⬱ ，填充颜色为红色 ■ （#FF0000），关闭工具箱中的"对象绘制"按钮 ⬤ （图6-30）。按住Shift键，在如图6-31所示的位置绘制一个正圆。

图6-30 设置"椭圆工具"的参数　　图6-31 "第1帧"绘制的图形

小技巧

绘制遮罩层的填充区域，可以选择任意的颜色，制作遮罩动画后，填充的颜色不可见。因此在填充遮罩区域时，最好选择与背景图片颜色反差较大的颜色进行填充。

将鼠标移动到时间轴第20帧的位置，按下键盘上的F6键"插入关键帧"，将图形移动至如图6-32所示的位置。

将鼠标移动到时间轴第40帧的位置，按下键盘上的F6键"插入关键帧"，将图形移动至如图6-33所示的位置。

将鼠标移动到时间轴第60帧的位置，将图形移动至如图6-34所示的位置。

将鼠标移动到时间轴第80帧的位置，按下键盘上的F6键"插入关键帧"，将图形移动至如图6-35所示的位置。

图6-32 "第20帧"图形的位置

图6-33 "第40帧"图形的位置

图6-34 "第60帧"图形的位置

图6-35 "第80帧"图形的位置

　　创建出的关键帧位置（图6-36）。

　　选中两个关键帧之间的任意一帧，单击鼠标右键，在弹出的快捷菜单中选择"创建补间形状"（图6-37、图6-38），两个关键帧之间会有一个浅绿色背景的实线箭头，一个补间形状就创建成功了。

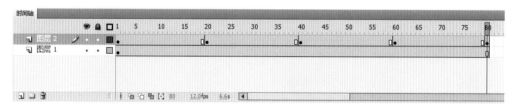

图6-36 时间轴上关键帧的位置

图6-37 创建补间形状

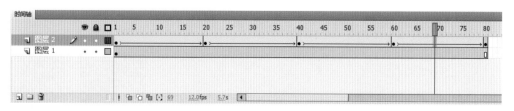

图6-38 补间形状创建成功

小技巧

　　创建补间形状动画时，关键帧上的对象必须是"分离"的状态，如果两个关键帧之间是虚线，则说明补间形状动画没有创建成功。

　　选中"图层2"，单击鼠标右键，在弹出的快捷菜单中选择"遮罩层"（图6-39）。观察舞台上背景图片的变化，遮罩动画创建成功（图6-40）。

图6-39　将"图层2"设置为遮罩层

图6-40　遮罩动画创建成功

小技巧

　　遮罩动画创建成功后，遮罩层与被遮罩层的后边都有一个锁定图标 🔒，如果要编辑遮罩动画，需将图层后边的锁定图标 🔒 打开，编辑完成后再次单击 🔒 图标即可。

　　按下键盘上的"Ctrl+Enter"组合键，预览动画效果。将文件命名为"探照灯效果.fla"进行保存，这样，一段遮罩动画就制作完成。

任务1　　　　　任务2

7.

制作音效动画

在 Flash 作品中加入声音可以极大地丰富动画的表现效果。设计者可以像导入素材图片一样导入声音文件，从而创建有声动画。这些声音可以和动画同步播放，也可以独立于时间轴连续播放，甚至可以为按钮添加声音，增强按钮的互动性。另外，也可以在 Flash 中对音频文件进行简单编辑，为声音设置淡入淡出效果，以创建出更加优美的音效。

在 Flash 作品中，要制作出具有交互功能的动画作品，还需要借助软件中的动作面板为不同的对象添加 ActionScript 脚本语言。ActionScript 是 Flash 中内嵌的脚本语言，使用 ActionScript 可以轻松地实现对动画播放进度的控制，也可以设置动画中各元件的动态效果，从而制作出交互效果非常丰富的动画作品。

学习目标

（1）掌握场景的编辑方法。
（2）掌握声音的导入与编辑方法。
（3）掌握时间轴控制命令。
（4）掌握 ActionScript 3.0 控制影片剪辑元件的方法。

P89—106

7.1

场景及场景编辑

7.1.1 场景

　　不管是创建独立的动画，还是基于网络的动画短片，或者是完整的 Flash 站点，都有必要对 Flash 作品进行有效的组织。就像戏剧是由一场场戏组成一样，利用场景可以将整个 Flash 影片分成一段段独立、易于管理的部分。每个场景就是一段短的影片，按照场景面板中的顺序一个接一个地播放，场景与场景之间没有任何的停顿和闪烁。

　　场景的使用可以是无限的，仅受限于计算机内存的大小，一些内容较复杂、时长较长的 Flash 短片可以划分成多个场景来实现。一般来说，简短的 Flash 作品设计者只需要一个场景就可以完成。

7.1.2 场景的编辑

　　用户可以通过"窗口"→"其他面板"→"场景"命令打开场景面板，利用场景面板可以添加、删除、复制、重命名和重新排列场景（图7-1）。

　　①添加场景。选择"窗口"→"其他面板"→"场景"命令，打开场景面板；单击位于场景面板左下角的"添加场景"按钮 ▣（图7-2）；也可以使用"插入"→"场景"命令来添加场景（图7-3）；新场景会在当前场景的下面，采用默认的场景名称（图7-4）。

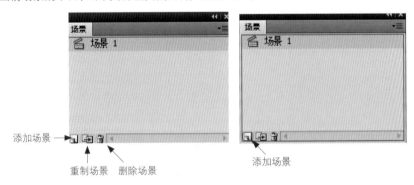

图7-1　场景面板　　　　　　　　　　　图7-2　场景面板添加场景

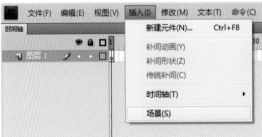

图7-3　菜单命令添加场景

图7-4　添加的新场景

②删除场景。选择"窗口"→"其他面板"→"场景"命令，打开场景面板；选择要删除的场景，单击场景面板下方的"删除场景"按钮 🗑（图7-5）；弹出"确认场景删除"对话框，确认后即可删除该场景（图7-6）。

删除场景

图7-5 单击"删除场景"按钮　　　图7-6 确认删除场景

③复制场景。选择"窗口"→"其他面板"→"场景"命令，打开场景面板；选择要复制的场景，单击场景面板下方的"重制场景"按钮 🔳（图7-7）；场景面板中会出现选定场景的副本，新复制的场景会在原来场景的名字后边添加"副本"字样（图7-8）。

④重命名场景。打开场景面板，双击要更改名称的场景名称区域，场景名称变成可编辑状态，输入新的名称，按下Enter键即可（图7-9）。

⑤重新排列场景。打开场景面板，单击场景并将其上下拖移至想要放置的位置，松开鼠标即可（图7-10）。

重制场景

图7-7 单击"重制场景"按钮　　　图7-8 重制出的场景副本

图7-9 重命名场景　　　图7-10 排列场景顺序

7.2

在 Flash 中导入声音

Flash 作品可以集声、像、动画于一体，可以使观者像听广播、看电视一样得到听觉和视觉的双重刺激。表现形式多样的 Flash 动画搭配悦耳的声音，可以增强 Flash 作品的吸引力和感染力。

在 Flash 中，可以导入一个或多个声音文件，同时也提供了多种使用声音的方式：可以使声音独立于时间轴连续播放，或是使用时间轴将动画与声音同步播放，同时还可以向按钮添加声音，还可以设置声音的淡入淡出效果。

Flash 中可以导入的声音文件有WAV、MP3、AIFF、QuickTime（只含声音）等格式文件，使用较多的是比较流行的WAV格式和MP3格式。

7.2.1　导入声音

执行菜单栏"文件"→"导入"→"导入到舞台"命令，将弹出选中需要导入的音频文件，单击 打开(O) 按钮，舞台中会弹出一个音频的"正在处理"对话框，处理完毕后即可将声音导入舞台中（图7-11）。

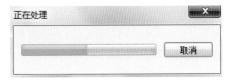

图7-11　正在处理音频文件的对话框

> 小技巧
>
> 可以一次导入多个声音文件，导入的方法和导入多个位图文件的方法相同。导入的音频文件一般存放在库中，不能自动添加到动画作品中进行播放。

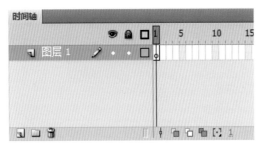

图7-12　时间轴上没有显示音频文件

观察"图层1"时间轴，发现并没有显示音频文件（图7-12）。设计者需在"属性"面板中对音频文件进行设置才能出现声音。

打开"属性"面板，在声音选项的"名称"中选择导入的音频文件（图7-13），在"同步"一栏中有4个选项，如下所述。

①事件。事件声音必须完全下载后才能开始播放，在任何情况下，事件声音都会从开始播放到结束，一旦播放，必须添加"停止"命令才会停止声音播放，否则会一直连续播放。用户可以将事件声音作为动画中的循环音乐，放在任意一个用户希望开始播放到结束而不会被中断的地方，如背景音乐；也可以将事件声音作为激发某个对象时发出的声音，如单击按钮时的声音。

②开始。与"事件"功能相近，但是如果声音已经在播放，则新的声音实例就不会播放了。

③停止。将指定的声音静音。

④数据流。使声音同步，以便于在网站上播放。Flash 能够强制动画和音频流同步。与事件声音不同，音频流会随着SWF文件的停止而停止，而且当发布SWF文件时，音频流混合在一起。

为了使音频文件与时间轴动画同步播放，在"同步"选项中设置为"数据流"（图7-14）。

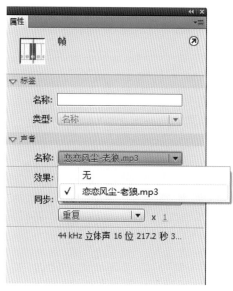

图7-13 设置声音"名称"

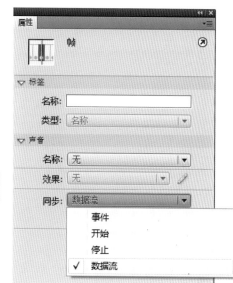

图7-14 选择同步"数据流"

小技巧

在设置同步选项时，建议设置为"数据流"，这样音频流与时间轴的动画能够同步播放，当人们通过 Enter 键来控制时间轴动画的停止或播放，声音也会同步停止或播放。

将鼠标移动到时间轴"第55帧"的位置，按下键盘上的F5键"插入帧"，这时时间轴上出现了蓝色波纹形状的音频文件（图7-15）。按下Enter 键即可听见声音效果。同时，可以继续延长时间轴上的帧数直至声音文件全部显示。

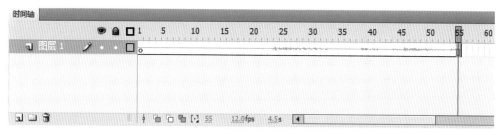

图7-15 插入帧，显示声音文件

7.2.2 编辑声音

导入的音频文件可以进行简单的编辑，单击"属性"面板声音选项"效果"下拉列表，有以下8个选项，可以设置不同的声音效果（图7-16）。

①无：不对声音文件应用效果。选中此项，将删除以前应用的效果。

②左声道/右声道：只在左声道或右声道中播放声音。

③向右淡出/向左淡出：会将声音从一个声道切换到另一个声道。

④淡入：随着声音的播放逐渐增加音量。

⑤淡出：随着声音的播放逐渐减小音量。

⑥自定义：允许通过"编辑封套"对话框创建自定义的声音淡入或淡出点。

如要对声音进行更加灵活自主的编辑，单击"属性"栏声音选项后侧的"编辑声音封套"按钮 （图7-17）。在弹出的"编辑封套"对话框中对声音进行自主编辑（图7-18）。

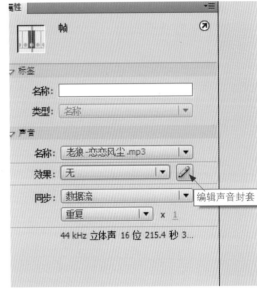

图7-16 声音效果　　　　　　　　图7-17 单击"编辑声音封套"按钮

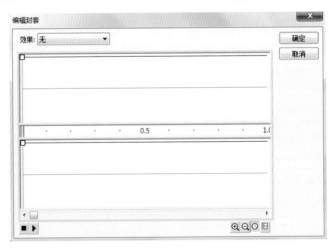

图7-18 弹出"编辑封套"对话框

"编辑封套"对话框中各选项的功能如下（图7-19）。

①效果：用于选择声音的播放效果。

②波形编辑窗口："编辑封套"对话框分为上下两个声音波形编辑窗口，上方的编辑窗口用于设置左声道声音波形，下方的编辑窗口用于设置右声道的声音波形。在波形编辑窗口中可以改变音量以及截取声音片段。

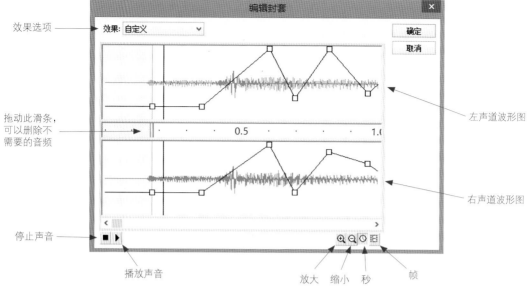

图7-19 "编辑封套"对话框

③放大：放大声音波形编辑窗口中的波形图。

④缩小：缩小声音波形编辑窗口中的波形图。

⑤秒：以时间"秒"为单位显示声音波形。

⑥帧：以"帧"为单位显示声音波形。

⑦播放声音：单击该按钮，可试听编辑后的声音文件。

⑧停止声音：单击该按钮，停止播放声音文件。

观察时间轴中导入的音频文件，发现当播放头移动到第24帧的位置，才有声音出现（图7-20）。

图7-20 观察时间轴上的音频文件

为了将空白的声音部分删除，单击"属性"面板"效果"后侧的"编辑声音封套"按钮 ✎ ，打开"编辑封套"对话框；按住鼠标左键不放，将左侧的矩形滑条往右拖动，拖至如图7-21所示位置，左侧灰色的区域表示该部分音频文件被删除。

单击"确定"按钮后回到时间轴面板，观察"图层1"的音频文件，空白部分的声音已经被删除，现在从"第1帧"播放就会出现声音了（图7-22）。

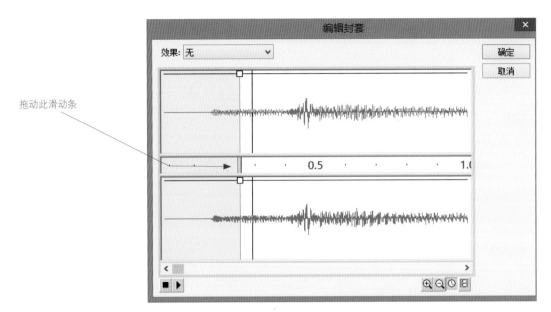

拖动此滑动条

图7-21　删除不需要的声音部分

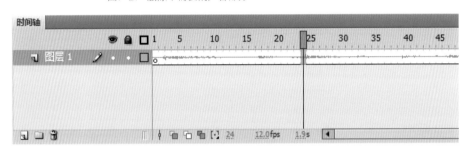

图7-22　编辑后的声音文件

ActionScript 3.0 脚本

7.3.1　初识 ActionScript 脚本

　　Flash 动画中经常需要实现人和动画的交互以及动画内部各对象的交互。利用 Flash 的脚本语言（ ActionScript 语言），不仅可以制作各种交互动画，还可以实现下雨、飘雪等特效动画。

　　ActionScript 自面世以来，已不断地发展与完善，随着每一个 Flash 新版本的发布，将会有更多的元素加入语句中，Flash CS4具有极大的兼容性，它同时兼容了 ActionScript 2.0 和 ActionScript 3.0 版本的脚本语句，这些语句为制作完美的交互动画提供了良好的平台，在此主要以 ActionScript 3.0 版本为例来讲解 Flash 的脚本语言。

　　ActionScript 3.0 是一种功能强大的、面对对象的编程语言。该语句性能良好，可以用来编写执行有效、相应快速的复杂程序。在 Flash CS4中，提供了人性化的设计理念，在脚本语言的开发方面，给用户一个自由的选择空间，在实际应用中，大家可以根据制作需要来选择合适的脚本语言。

　　在学习这门语言之前，首先需要了解编程的基础——变量、常量和数据类型，同时，它们也是编写 ActionScript 程序的基础。下面将简单介绍变量、常量和数据类型的概念与作用。

　　①变量：是一个名称，它代表计算机内存中的值。在编写语句来处理值时，编写变量名称来代替值；只要计算机看到程序中的变量名，就会查看自己的内容并使用在内存中找到的值。

　　②常量：也称为"常数"，是一种恒定的或不可变的数值或数据项。它可以是不随时间变化的某些量和信息，也可以是表示某一数值的字符和字符串。

　　③数据类型：在 ActionScript 中包含多种数据类型，其中，某些数据类型可以看作"简单"或"复杂"数据类型。简单的数据类型表示单条信息、单个数字或单个文本序列。然而，ActionScript 中定义的大部分数据类型都可以被描述为复杂的数据类型，因为它们表示组合在一起的一组值，如 MovieClip（影片剪辑元件）、TextField（动态文本字段或输入文本字段）、SimpleButton（按钮元件）、Date（有关时间中的某个片刻的信息、日期或时间）等。

7.3.2　动作面板

　　Flash 为编写 ActionScript 脚本提供了专门的编辑环境，即"动作"面板。通过单击菜单栏"窗口"→"动作"命令可以打开"动作"面板，也可以直接按下键盘上的F9键打开"动作"面板。

　　"动作"面板主要由下述 5 个部分组成，如图7-23所示。

　　①版本过滤：对于不同的应用环境，可以使用不同的语句来编写脚本，例如可以选择 ActionScript 3.0 的版本，也可以选择 ActionScript 1.0 & 2.0 的版本等。

　　②动作工具箱：列出经过AS版本过滤之后的所有动作。

　　③脚本导航器：使用脚本导航器，可使对象之间的嵌套关系一目了然，并且能够快速地选中对象。

　　④功能菜单：单击"功能菜单"按钮可以打开面板的功能菜单，对面板外观和行为进行进一步的设置。

　　⑤脚本窗口：用来编写脚本的主要部分。查看窗口上方的编辑按钮，利用它们可以快速地对脚本语言实施操作。

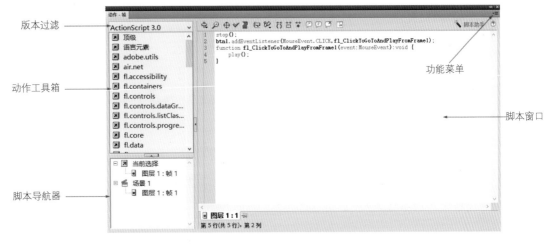

图7-23 动作面板

7.3.3 ActionScript 常用语法规则

ActionScript 有其自己的语言和标点元件来组织程序代码，只有遵循其语言规则，才能编写出正确运行的脚本，下面介绍部分 ActionScript 的一些基本语法规则。

（1）区分大小写

在 ActionScript 语句中，用户在输入语句代码时严格意义上不区分大小写，但关键字一定要区分大小写。例如下面这两个语句在执行时，系统将视前者为错误语句而不执行，后者则为正确的书写效果。

gotoandplay（10）;
gotoAndPlay（10）;

（2）分号（ ; ）

在 ActionScript 中，一条语句书写完成后，以分号（ ; ）作为结尾。例如:
nextFrame（ ）;

（3）大括号（ {} ）

ActionScript 用大括号（ {} ）来组织脚本元素，将同一个事件触发的一系列程序指令组织在一起，例如，当按下鼠标左键触发某按钮时，动画跳转到第6帧并开始播放:

btn1.addEventListener（MouseEvent.CLICK, StarMovie）;
function StarMovie（event:MouseEvent）{
gotoAndPlay（6）;
}

（4）点（ . ）记号

点（ . ）用来表示对象的属性和方法，或者用来表示影片剪辑、变量、函数、对象的目标路径。点（ . ）还被称作"点操作符"，因为其经常被用于发布命令和修改属性。

点（ . ）语法的结构：点的左侧可以是动画中的对象、实例或时间轴，点的右侧可以是与左侧元素相关的属性、目标路径、变量和动作，下面是3种点（ . ）语句的应用形式:

myClip.visible=0;

menuBar.menu1.item5;

_root.gotoAndPlay（5）;

在第1种形式中，名为myClip的Movie Clip通过使用点语法将_visible属性设置为0，使它变得透明；第2种形式显示了变量item5的路径，它位于动画menu1中，menu1又嵌套在动画menuBar中；第3种形式使用_root参数命令，主时间轴跳转到第5帧并进行播放。

（5）引号（ " " ）

要引用或是合并字符串与数值时，需要为字符串添加引号，例如：

TheString="The total count is:" + et;

意思是将et变量保存的值添加到字符串 "The total count is：" 的末尾，如果et保存的值为10，则最后所得字符串的值为The total count is：10。

（6）小括号（ （ ） ）

在 ActionScript 语句中，小括号（ （ ） ）的作用有两个：一是可以改变数学运算的优先级别，括号内的数学运算优先于括号外的数学运算，例如：

Number=18*（9-5）;

二是可以定义和调用函数。在定义和调用函数时，函数的参数使用小括号括起来。其中小括号的内容也可以为空，表示没有任何参数可以传递。例如：

gotoAndStop（12）;

stop（ ）;

（7）冒号（ ： ）

用于表明用户所定义的变量的数据类型。例如：

Var i:number;

该语句就是用 "Var" 关键字设置变量 "i" 的数据类型为 "number（数值型）"。

（8）注释脚本（ // ）

为了方便他人对所编写脚本的理解，建议在动作脚本中使用注释。注释内容以灰色显示，其长度不受限制，也不会执行，同时形式简单且对应性强，注释语句不会影响导出文件的大小，使用注释可提高程序的可读性，例如：

Var Total:Number;　　　　　　　　//定义苹果总数的变量

Var N:Number=6;　　　　　　　　//定义人数

Total=N*6;　　　　　　　　　　//计算需要的苹果总数

7.3.4　时间轴控制命令

学习了 ActionScript 的基础知识，下面来学习一些 ActionScripL 的基本命令，学会编制简单的程序脚本，从而实现动画的交互。

（1）gotoAndPlay

形式：gotoAndPlay（scene, frame）;

作用：跳转并播放，跳转到指定场景的指定帧，并从该帧开始播放，如果没有指定场景，则跳转到当前场景的指定帧进行播放。

参数：scene，跳转至场景的名称或编号；frame跳转至帧的名称或帧数。

有了这个命令，可以随心所欲地播放不同场景、不同帧的动画。例如，动画跳转到当前场景第28帧并且开始播放，脚本如下：

gotoAndPlay（28）；

（2）gotoAndStop

形式：gotoAndStop（scene，frame）；

作用：跳转并停止播放，跳转到指定场景的指定帧，并从该帧停止播放，如果没有指定场景，则跳转到当前场景的指定帧停止播放。

参数：scene，跳转至场景的名称或编号；frame跳转至帧的名称或帧数。

例如，动画跳转到场景2的第8帧，并且停止播放，脚本如下：

gotoAndStop（"场景2"，8）；

（3）nextFrame

作用：跳至下一帧，并停止播放。

该命令无参数，直接使用，如nextFrame（ ）。

（4）prveFrame

作用：跳至前一帧，并停止播放。

该命令无参数，直接使用，如prveFrame（ ）。

（5）nextScene

作用：跳至下一个场景的第1帧，并停止播放。如果目前的场景是最后一个场景，则会跳至第1个场景的第1帧。

该命令无参数，直接使用，如nextScene（ ）。

（6）prveScene

作用：跳至前一个场景，并停止播放。如果目前的场景是第1个场景，则会跳至最后一个场景的第1帧。

该命令无参数，直接使用，如prveScene（ ）。

（7）play

作用：可以指定动画继续播放。

在播放动画时，除非另外指定，否则从第1帧开始播放。如果动画的播放进程被gotoAndStop语句停止，必须使用play语句才能重新播放。

该命令无参数，直接使用，如play（ ）。

（8）stop

作用：停止当前播放的动画，该语句最常见的运用是使用按钮控制影片剪辑。

例如，如果需要某个动画在播放完毕后停止而不是循环播放，则可以在动画的最后一帧附加stop（停止播放影片）。这样，当动画播放到最后一帧时，播放立即停止。

该命令无参数，直接使用，如stop（ ）。

（9）stopAllSounds

作用：使当前播放的声音全部停止播放，但是不停止动画的播放。要说明一点，被设置的流式声音将会继续播放。

该命令无参数，直接使用。注意，调用函数必须同时制订"SoundMixer"类别，如SoundMixer. stopAllSounds（）。

7.3.5 ActionScript 脚本控制影片剪辑元件

对影片剪辑的控制是 ActionScript 语言的重要功能之一。从根本上说，Flash 的许多复杂动画效果和交互功能都与影片剪辑的运用密不可分。人们可以通过 ActionScript 脚本来控制影片剪辑的各种动作，也可以在影片剪辑的事件处理函数中控制主时间轴和其他的影片剪辑。接下来以一个"鸭子走路"的案例来讲解如何利用 ActionScript 脚本控制影片剪辑元件的播放与停止。

新建一个 Flash 文档，单击"属性"面板"编辑"按钮，在"文档属性"对话框中设置舞台的尺寸为500像素 × 310像素，其他参数为默认值（图7-24）。

图7-24 设置舞台尺寸

执行"文件"→"导入"→"导入到舞台"命令，将素材文件"沙滩.jpg"导入舞台中。按下"Ctrl+K"组合键。打开"对齐"面板，勾选"相对于舞台"按钮，分别单击左侧的"垂直居中"按钮 、"水平居中"按钮 ，将背景图片调整至舞台正中位置（图7-25、图7-26）。

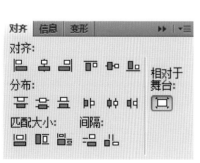

图7-25 打开"对齐"面板

图7-26 调整图片位置

将"图层1"重命名为"背景"，鼠标移动到时间轴"第50帧"位置，按下键盘上F5键"插入帧"，将背景图片的状态延长至第50帧位置（图7-27）。

执行菜单栏"插入"→"新建元件"命令（或者直接按下"Ctrl+F8"组合键），弹出"创建新元件"对话框，修改元件的名称为"鸭子"，设置元件类型为"影片剪辑"（图7-28）。

此时，已经进入影片剪辑元件"鸭子"内部。执行"文件"→"导入"→"导入到舞台"命令，将素材文件"鸭子.gif"导入到舞台中（图7-29）。

单击"场景1"，回到场景1的主时间轴。单击图层面板上的"新建图层"按钮 ，新建"图层2"，将其重命名为"鸭子"，将播放头移至时间轴"第1帧"的位置（图7-30）。

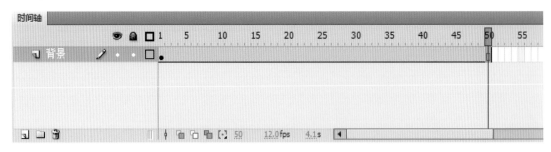

图7-27　重命名图层名称，将其延展至第50帧位置

图7-28　新建影片剪辑元件"鸭子"

图7-29　导入文件"鸭子.gif"

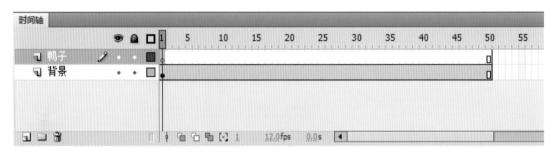

图7-30　新建图层并重命名

图7-31　将影片剪辑元件"鸭子"拖移到舞台中

按下"Ctrl+L"组合键打开"库"面板，将影片剪辑元件"鸭子"拖移到图层"鸭子"的"第1帧"，放置在如图7-31所示位置。

将鼠标移动至时间轴"第50帧"位置，按下F6键插入关键帧，按住Shift键，将"鸭子"水平移动至如图7-32所示位置。

将鼠标选中两个关键帧之间的任意一帧，单击鼠标右键，在弹出的快捷菜单中选择"创建传统补间"命令（图7-33），按下"Ctrl+Enter"组合键预览动画效果，鸭子走路的画面就制作出来了。

图7-32 "第50帧"上对象的位置

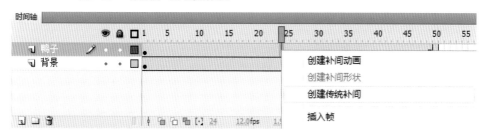

图7-33 创建传统补间动画

单击图层面板上的"新建图层"按钮 🔲 ，新建"图层3"，将其重命名为"按钮"。执行菜单栏"窗口"→"公用库"→"按钮"，打开"库按钮"面板（图7-34、图7-35）。

选择第2种"btttons bar"，分别将按钮"bar gold""bar gerrn"拖移到舞台中，放置在如图7-36所示位置。

"选择工具" 🔖 双击黄色的按钮元件，进入元件内部。选中图层"text"的"弹起"状态，选择"文本工具" T 重新输入文本"play"（图7-37）。单击"场景1"，回到主场景。

"选择工具" 🔖 再次双击绿色的按钮元件，进入元件内部。选中图层"text"的"弹起"状态，选择"文本工具" T 重新输入文本"stop"（图7-38）。单击"场景1"，回到主场景。

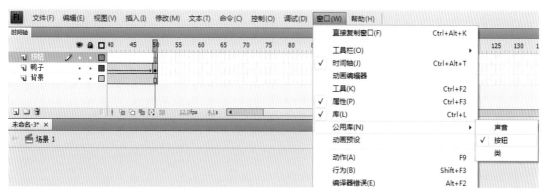

图7-34 打开"库按钮"

图7-35 "库按钮"面板　　　　　图7-36 拖移两个按钮元件到舞台中

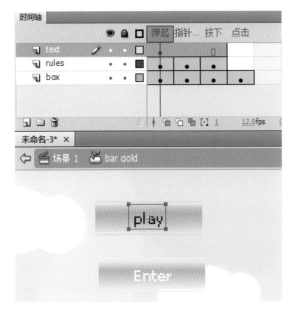

图7-37 更改黄色按钮　　　　　　　　图7-38 更改绿色按钮

返回主场景中，更改按钮文本内容后的按钮如图7-39所示。

选中舞台中的黄色按钮，在"属性"面板中设置按钮的名称为"btn1"，选中绿色按钮，在"属性"面板中设置按钮的名称为"btn2"，如图7-40、图7-41所示。

小技巧

在命名影片剪辑元件、按钮的名称时，建议都用英文或者拼音命名，因为ActionScript语言用英文编写的，因此将影片剪辑元件、按钮命名为英文或者拼音符合代码编写的规范，易于识别。

图7-39 更改后的按钮

图7-40 黄色按钮命名为"btn1"

图7-41 绿色按钮命名为"btn2"

单击图层面板上的"新建图层"按钮 ▣，新建"图层4"，将其重命名为"as"（图7-42），执行菜单栏"窗口"→"动作"命令（或者直接按下键盘上的F9键），打开"动作"面板。

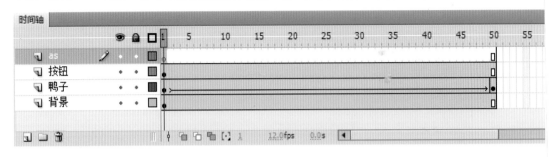

图7-42 新建图层并重命名

在"动作"面板中输入如图7-43所示代码，按下键盘上的"Ctrl+Enter"组合键，预览动画效果。将文件命名为"脚本控制影片剪辑元件.fla"进行保存。这样，运用 ActionScript 脚本知识就能够实现按钮对影片剪辑元件的控制了。

```
1   stop();
2   btn1.addEventListener(MouseEvent.CLICK,fl_ClickToGoToAndPlayFromFrame1);
3   function fl_ClickToGoToAndPlayFromFrame1(event:MouseEvent):void {
4       play();
5   }
6   btn2.addEventListener(MouseEvent.CLICK,fl_ClickToGoToScene_1);
7   function fl_ClickToGoToScene_1(event:MouseEvent):void {
8       stop();
9   }
```

图7-43 输入代码

任务1　　任务2

参考文献

[1] 缪亮. Flash动画制作基础与上机指导[M].北京：清华大学出版社，2011.

[2] 史宇宏，王智强，陈玉蓉. 零基础学Flash中文版[M].北京：清华大学出版社，2007.

[3] 张玲，等. 图形图像处理与动画制作[M].北京：机械工业出版社，2006.

[4] 杨仁毅. 边用边学Flash动画设计与制作[M].北京：人民邮电出版社，2012.

[5] 刘本军，陈文明. Flash CS3动画设计案例教程[M].北京：机械工业出版社，2009.

[6] 张豪，刘世民，何方. Flash CS3中文版从新手到高手[M].北京：清华大学出版社，2010.

[7] 田启明. Flash CS3 平面动画制作案例教程与实训[M].北京：北京大学出版社，2011.

[8] 李晓静，陈小玉. Flash动画制作项目教程[M].北京：清华大学出版社，2014.

[9] 张小敏，曾强. Flash动画制作[M].2版.北京：化学工业出版社，2015.